教育部 财政部职业院校教师素质提高计划职教师资培养资源开发项目
"土木工程"专业职教师资培养资源开发（VTNE040）
教育部 财政部职业院校教师素质提高计划成果系列丛书

钢结构工程施工综合实训

张建荣　肖先波　主编

U0324048

同济大学出版社
TONGJI UNIVERSITY PRESS

内 容 提 要

本书内容主要涉及钢结构施工的招标与投标、车间生产、现场安装、质量验收、资料归档等五个环节。按钢结构项目施工的工作过程,招投标阶段分成招标公告及投标邀请书编制、投标人须知编制、评标办法编制、合同条款及履约担保填写、工程量清单编制、投标文件编制等6个实训任务;车间生产阶段分成放样号料、切割下料、制孔、组装、焊接、矫正等6个实训任务;现场安装阶段分成钢结构安装准备、基础施工、钢柱安装、柱间支撑安装、钢梁安装等5个实训任务;质量验收阶段分成焊接工程质量验收、紧固件连接工程质量验收、钢零件及钢部件加工工程质量验收、钢构件组装工程质量验收、多(高)层钢结构安装工程质量验收等5个实训任务;工程资料归档阶段分成立卷、归档、移交等3个实训任务;共计25个实训任务。每个实训项目以行动导向教学理念为指导,包含实训目标、实训准备、实训操作、成果验收、总结评价等教学环节,帮助、指导学生开展基本技术技能训练,提高学生的职业关键能力,提升学生的职业综合素养,引导学生在操作实践的基础上积极反思,提高学习能力。

本书可作为中等职业学校建筑工程施工专业教师培养的实训教材,也可供各个层次土建类相关专业的钢结构施工实训课程选择使用。同时也可作为成人教育、相关职业岗位培训教材。

图书在版编目(CIP)数据

钢结构工程施工综合实训 / 张建荣,肖先波主编
. —上海:同济大学出版社,2018.12
ISBN 978-7-5608-8346-5

Ⅰ.①钢…　Ⅱ.①张…②肖…　Ⅲ.①钢结构－工程
施工　Ⅳ.①TU758.11

中国版本图书馆 CIP 数据核字(2018)第 299901 号

钢结构工程施工综合实训

张建荣　肖先波　主编
责任编辑 马继兰　　**责任校对** 徐春莲　　**封面设计** 陈益平

出版发行　同济大学出版社　　www.tongjipress.com.cn
　　　　　(地址:上海市四平路1239号　邮编:200092　电话:021-65985622)
经　　销　全国各地新华书店
排　　版　南京新翰博图文制作有限公司
印　　刷　常熟市大宏印刷有限公司
开　　本　787 mm×1 092 mm　1/16
印　　张　14
字　　数　349 000
版　　次　2018 年 12 月第 1 版　　2018 年 12 月第 1 次印刷
书　　号　ISBN 978-7-5608-8346-5

定　　价　48.00 元

编 委 会

教育部　财政部职业院校教师素质提高计划成果系列丛书

项目牵头单位　同济大学
项 目 负 责 人　蔡　跃

项目专家指导委员会
主　任　刘来泉

副主任　王宪成　郭春鸣

成　员　（按姓氏笔画排列）

刁哲军　王乐夫　王继平　邓泽民
石伟平　卢双盈　刘正安　刘君义
米　靖　汤生玲　李仲阳　李栋学
李梦卿　吴全全　沈　希　张元利
张建荣　周泽扬　孟庆国　姜大源
夏金星　徐　朔　徐　流　郭杰忠
曹　晔　崔世钢　韩亚兰

出版说明

《国家中长期教育改革和发展规划纲要(2010—2020年)》颁布实施以来,我国职业教育进入到加快构建现代职业教育体系、全面提高技能型人才培养质量的新阶段。加快发展现代职业教育,实现职业教育改革发展新跨越,对职业学校"双师型"教师队伍建设提出了更高的要求。为此,教育部明确提出,要以推动教师专业化为引领,以加强"双师型"教师队伍建设为重点,以创新制度和机制为动力,以完善培养培训体系为保障,以实施素质提高计划为抓手,统筹规划,突出重点,改革创新,狠抓落实,切实提升职业院校教师队伍整体素质和建设水平,加快建成一支师德高尚、素质优良、技艺精湛、结构合理、专兼结合的高素质专业化的"双师型"教师队伍,为建设具有中国特色、世界水平的现代职业教育体系提供强有力的师资保障。

目前,我国共有60余所高校正在开展职教师资培养,但由于教师培养标准的缺失和培养课程资源的匮乏,制约了"双师型"教师培养质量的提高。为完善教师培养标准和课程体系,教育部、财政部在"职业院校教师素质提高计划"框架内专门设置了职教师资培养资源开发项目,中央财政拨款1.5亿元,系统开发用于本科专业职教师资培养标准、培养方案、核心课程和特色教材等系列资源。其中,包括88个专业项目,12个资格考试制度开发等公共项目。该项目由42家开设职业技术师范专业的高等学校牵头,组织近千家科研院所、职业学校、行业企业共同研发,一大批专家学者、优秀校长、一线教师、企业工程技术人员参与其中。

经过三年的努力,培养资源开发项目取得了丰硕成果。一是开发了中等职业学校88个专业(类)职教师资本科培养资源项目,内容包括专业教师标准、专业教师培养标准、评价方案,以及一系列专业课程大纲、主干课程教材及数字化资源;二是取得了6项公共基础研究成果,内容包括职教师资培养模式、国际职教师资培养、教育理论课程、质量保障体系、教学资源中心建设和学习平台开发等;三是完成了18个专业大类职教师资资格标准及认证考试标准开发。上述成果,共计800多本正式出版物。总体来说,培养资源开发项目实现了高效益:形成了一大批资源,填补了相关标准和资源的空白;凝聚了一支研发队伍,强化了教师培养的"校—企—校"协同;引领了一批高校的教学改革,带动了"双师型"教师的专业化培养。职教师资培养资源开发项目是支撑专业化培养的一项系统化、基础性工程,是加强职教教师培养培训一体化建设的关键环节,也是对职教师资培养培训基地教师专业化培养实践、教师教育研究能力的系统检阅。

自 2013 年项目立项开题以来,各项目承担单位、项目负责人及全体开发人员做了大量深入细致的工作,结合职教教师培养实践,研发出很多填补空白、体现科学性和前瞻性的成果,有力推进了"双师型"教师专门化培养向更深层次发展。同时,专家指导委员会的各位专家以及项目管理办公室的各位同志,克服了许多困难,按照两部对项目开发工作的总体要求,为实施项目管理、研发、检查等投入了大量时间和心血,也为各个项目提供了专业的咨询和指导,有力地保障了项目实施和成果质量。在此,我们一并表示衷心的感谢。

编写委员会
2016 年 3 月

序

为贯彻落实《国务院关于加强教师队伍建设的意见》(国发〔2012〕41号)《教育部　财政部关于实施职业院校教师素质提高计划的意见》(教职成〔2011〕14号)等文件精神,2013年启动职业院校教师素质提高计划本科专业职业院校教师师资培养资源开发项目。该计划的一项重要内容是开发88个专业项目和12个公共项目的职业院校教师师资培养标准、培养方案、核心课程和特色教材,这对促进职业院校教师师资培养培训工作的科学化、规范化、完善职业院校教师师资培养体系有着开创性、基础性意义。

对土木工程专业职教师资而言,由于土木工程专业技术性强,既需要掌握相应的理论知识,又必须具备相当的实践技能,同时还需要根据技术的发展,不断更新知识和技能,对教师的教学能力提出了较高的要求。目前土木工程专业教师的状况不尽如人意,不仅许多教师毕业于普通高校的相关专业,即使来自于专门培养的职业院校的教师,其教学能力也很欠缺。在本科阶段,加强职业教育师资培养,是推进职业教育教师队伍建设的重要内容,是提高教师队伍整体素质的主要途径。

经过申报、专家评审认定,同济大学为全国重点建设职业院校教师师资培养培训基地,承担了"土木工程专业职教师资培养标准、培养方案、核心课程和特色教材开发项目",制定专业教师标准、制定专业教师培养标准、制定培养质量评价方案以及开发课程资源(开发专业课程大纲、开发主干课程教材、开发数字化资源库)的编制、研发和创编工作。本套核心教材一共5本,是本项目中的一个重要组成部分。本套核心教材的编写广泛采用了基于工作过程系统化的设计思想和体现问题导向、案例引导、任务驱动、项目教学等职业教育教学方法的要求,整体实现"三性融合",采用系统创新,有整体设计,打破学科化、单纯的学术知识呈现的旧有模式。

本套教材可作为相关高校培养土木工程专业职业院校教师师资的专用教材,也适用于该专业的职业院校教师师资的培训和进修辅助教材。

土木工程专业职教师资培养资源开发课题组

2016年11月

前　言

　　职业教育专业综合实训是学生在具有基础专业知识和基本专项技能后,在校集中进行以专业相对应的主要工作任务为背景、涉及行业核心工作岗位、针对职业关键工作技能、综合运用专业理论知识的系统训练。其目标是较为系统地训练实际操作技能、学习相关理论知识、养成职业行为习惯,培养学生掌握与所学专业相对应的核心岗位上的职业关键能力,全方位地为进入企业顶岗实习和就业做准备。

　　本教材的实训内容以某钢框架结构工程为背景案例。考虑到混凝土养护时间较长、浇筑完成后拆除不便、材料损耗大成本高等原因,实训前提条件为基本测设控制点已经设定,基础工程已经施工完毕。因此,本实训内容主要涉及钢结构施工的招标与投标、车间生产、现场安装、质量验收、工程资料归档等五个环节,分解成25个实训任务。各个实训任务之间既是相互独立的,又是互相联系的。教师可以根据学校实训基地的实训条件进行合理安排,既可以参照本教材的顺序安排进行钢框架结构施工的综合实训,也可以进行每个工作任务的单独实训。

　　教学实施时可采用基于行动导向教学理念的项目教学法,在进行每项实训工作任务时,结合实训任务布置、实训成果验收、实训总结评价等教学环节,将理论学习与现实的职业工作活动、专业操作技能结合起来,并使学生受到劳动环境和职业文化的熏陶,引导学生在操作实践的基础上积极反思,架设连结课堂学习与工作岗位之间的桥梁,使学生的专业知识体系得到基于工作系统的再次构建,提高学习与工作的能力。

　　本教材由张建荣、肖先波主编,参加编写的还有陈宇峰、谢恩普、刘毅、胡进洲、顾菊元、蓝杭焜、万祥、罗瑾韬等。在同济大学职业技术教育学院参加职教师资培训班的部分学员参与了实训方案讨论,同济大学研究生祝孟琪参与资料整理,在此一并表示衷心感谢。

　　限于编者水平,书中难免有疏漏和不当之处,敬请读者批评指正。

目　录

单元 1

招标与投标

任务 1 招标公告、投标邀请书编制

工程招标是指建设单位对拟建的工程项目通过法定的程序和方式吸引承包单位竞争,并从中择优选取的法律行为。招标是一项针对性很强的市场交易行为,不仅应用于工程项目,也普遍运用于货物贸易、服务贸易等买卖活动。在市场经济条件下,招标有利于促进竞争,加强横向经济联系,提高经济效益。对于建设工程项目的招标者来说,通过招标公告选择合适的承包人,可以节约成本或投资,降低造价,缩短工期,确保工程项目质量,促进经济效益的提高。

招标有公开招标与邀请招标两种形式。邀请招标,也称为有限竞争性招标,是指招标方根据供应商或承包商的资信和业绩,选择若干供应商或承包商(不能少于三家),向其发出投标邀请,由被邀请的供应商、承包商投标竞争,从中选定中标者的招标方式。

对应于公开招标和邀请招标两种不同的招标形式,工程项目招标文件也分为招标公告与投标邀请书两种。招标单位或招标人应在招标公告中向外公布工程项目的设计图纸、验收标准、施工条件、相关要求等内容,并应同时注明发布所在的所有媒介名称。

1.1 教学目标

本项实训的目标是学会编写招标公告、投标邀请书,并选择其中一项加入到招标文件里,完成招标文件封面、目录、招标公告或投标邀请书的制作。

1.2 实训操作

第一步:参考附录 A 中招标文件的相关内容,按照本实训项目的具体内容及教师给出

的相关资料,参考图 1-1 的格式要求,完成招标文件封面、目录、招标公告的制作。

第二步:参考图 1-2 的格式要求,按照教师的相关要求,拟将第一步编写的招标公告改成投标邀请书形式;并参考图 1-3 的格式要求,拟定投标确认通知书。

_____(项目名称)施工招标公告

1. 招标条件

　　本招标项目_____(项目名称)已由_____(项目审批、核准或备案机关名称)以_____(批文名称及编号)批准建设,项目业主为_____。建设资金来自_____(资金来源),项目出资比例为_____,招标人为_____。项目已具备招标条件,现对该项目施工进行公开招标。

2. 项目概况与招标范围

　　_____(说明本次招标项目的建设地点、规模、计划工期、招标范围等)。

3. 投标人资格要求

　　本次招标要求投标人须具备_____资质,并在人员、设备、资金等方面具有相应的施工能力。

4. 招标文件的获取

4.1　凡有意参加投标者,请于_____年_____月_____日至_____年_____月_____日,每日上午_____时至_____时,下午_____时至_____时(北京时间,下同),在_____(详细地址)持单位介绍信购买招标文件。

4.2　招标文件每套售价_____元,售后不退。图纸资料押金_____元,在退还图纸资料时退还(不计利息)。

4.3　邮购招标文件的,需另加手续费(含邮费)_____元。招标人在收到单位介绍信和邮购款(含手续费)后____日内寄送。

5. 投标文件的递交

5.1　投标文件递交的截止时间(投标截止时间,下同)为_____年_____月_____日_____时_____分,地点为_____。

5.2　逾期送达的或者未送达指定地点的投标文件,招标人不予受理。

6. 发布公告的媒介

　　本次招标公告同时在_____(发布公告的媒介名称)上发布。

7. 联系方式

招　标　人:_____	招标代理机构:_____
地　　　址:_____	地　　　址:_____
邮　　　编:_____	邮　　　编:_____
联　系　人:_____	联　系　人:_____
电　　　话:_____	电　　　话:_____
传　　　真:_____	传　　　真:_____
电子邮件:_____	电子邮件:_____
网　　　址:_____	网　　　址:_____
开户银行:_____	开户银行:_____
账　　　号:_____	账　　　号:_____

　　　　　　　　　　　　　　　　　　　　　　_____年___月___日

图 1-1　施工招标公告

_____（项目名称）施工投标邀请书

_____（被邀请单位名称）：

1. 招标条件

本招标项目_____（项目名称）已由_____（项目审批、核准或备案机关名称）以_____（批文名称及编号）批准建设，项目业主为_____。建设资金来自_____（资金来源），出资比例为_____，招标人为_____。项目已具备招标条件，现邀请你单位参加该项目施工投标。

2. 项目概况与招标范围

_____（说明本次招标项目的建设地点、规模、计划工期、招标范围等）。

3. 投标人资格要求

本次招标要求投标人具备_____资质，并在人员、设备、资金等方面具有相应的施工能力。

4. 招标文件的获取

4.1　请于____年____月____日至____年____月____日，每日上午____时至____时，下午____时至____时（北京时间，下同），在_____（详细地址）持本投标邀请书购买招标文件。

4.2　招标文件每套售价_____元，售后不退。图纸资料押金_____元，在退还图纸资料时退还（不计利息）。

4.3　邮购招标文件的，需另加手续费（含邮费）_____元。招标人在收到邮购款（含手续费）后____日内寄送。

5. 投标文件的递交

5.1　投标文件递交的截止时间（投标截止时间，下同）为_____年____月____日____时____分，地点为_____。

5.2　逾期送达的或者未送达指定地点的投标文件，招标人不予受理。

6. 确认

你单位收到本投标邀请书后，请于_____（具体时间）前以传真或快递方式予以确认是否参加投标。

7. 联系方式

招　标　人：_____	招标代理机构：_____
地　　　址：_____	地　　　址：_____
邮　　　编：_____	邮　　　编：_____
联　系　人：_____	联　系　人：_____
电　　　话：_____	电　　　话：_____
传　　　真：_____	传　　　真：_____
电子邮件：_____	电子邮件：_____
网　　　址：_____	网　　　址：_____
开户银行：_____	开户银行：_____
账　　　号：_____	账　　　号：_____

_____年____月____日

图 1-2　施工投标邀请书

确认通知

_____(招标人名称)：

  我方已于_____年_____月_____日收到你方_____年_____月_____日发出的_____(项目名称)关于_____的通知,并确认_____(参加/不参加)投标。

  特此确认。

被邀请单位名称：_____(盖单位章)

法定代表人：_____(签字)

_____年____月____日

图 1-3　投标确认通知

1.3　成绩评定

实训成绩评定表如表 1-1 所示。

表 1-1　　　　　　　　　　实训成绩评定表

任务目标				
考核内容		分值	评定等级	
类	项		学生自评	教师评价
实训掌握	文件了解	20		
实训成果	封面	20		
	目录	20		
	招标公告(投标邀请书)	40		
权　重			0.3	0.7
成绩评定				

1.4　思考题

（1）招标方式分为哪两种？

（2）招标文件是否会同时包含招标公告和投标邀请书？

（3）招标文件第一项内容是什么？

（4）招标文件是由谁提出的？

（5）确认通知是否一定要加入到招标文件中？

1.5　教学建议

　　本单元实训内容主要是学习编写工程招投标文件,建议采用案例教学法。教师可利用附录 A 招标文件范例中的招标公告,并参考附录 B 所示工程项目的资料,或自主设定相关项目背景及资料,让学生自主学习完成招标公告及投标邀请书的制作。

任务 2   投标人须知编制

投标人须知是招标文件中必不可少的重要内容,是发放给投标人阅读的关于投标要求和评标规定等的重要说明,是投标人在招投标活动中应遵循的程序和规则,应该以书面文本的形式加入到招标文件中。投标人须知中的项目条款应明确无误。投标人须知中没有载明具体内容,不构成招标文件的组成部分,对招标人和投标人没有约束力。

投标人须知的主要内容包括招标文件组成、投标文件组成、评标委员会组成、评标方法、招标过程中的注意事项、招标过程中违约或违规的处理、招标或评议过程特殊情况的处理、相关费用和投标保证金等。一般分为投标人须知前附表、正文和附表格式等三个部分。其中,正文部分包括总则说明、招标文件说明、投标文件的编写、投标书的递交、开标和评标、合同授予、纪律和监督等内容。

投标人须知前附表的作用主要有两个方面:一是将投标人须知中的关键内容和数据摘要列表,起到强调和提醒作用,为投标人迅速掌握投标人须知内容提供方便;二是对投标人须知正文中由前附表明确的内容给予具体约定。需要强调的是,投标人须知前附表的内容与招标文件相关章节内容应衔接一致。

2.1   教学目标

本项实训的目标是学会制作投标人须知前附表,根据范例及附录 B 的资料或教师给出的补充资料编写投标人须知,将二者加入到招标文件中。

2.2   实训操作

第一步:参考附录 A 中招标文件的相关内容,按照本实训项目的具体内容及教师给出的相关资料,参考表 2-1 投标人须知前附表的格式要求,完成投标人须知前附表(此表是对投标人须知正文相应条款的具体约定、补充和修改,不一致的以此表为准)的制作。

表 2-1 投标人须知前附表

条款号	条款名称	编列内容
1.1.2	招标人	名称： 地址： 联系人： 电话：
1.1.3	招标代理机构	名称： 地址： 联系人： 电话：
1.1.4	项目名称	
1.1.5	建设地点	
1.2.1	资金来源及比例	
1.2.2	资金落实情况	
1.3.1	招标范围	
1.3.2	计划工期	计划工期：_____日历天 计划开工日期：_____年___月___日 计划竣工日期：_____年___月___日
1.3.3	质量要求	
1.4.1	投标人资质条件、能力	资质条件： 项目经理(建造师，下同)资格： 财务要求： 业绩要求： 其他要求：
1.9.1	踏勘现场	□ 不组织 □ 组织，踏勘时间： 　　　　踏勘集中地点：
1.10.1	投标预备会	□ 不召开 □ 召开，召开时间： 　　　　召开地点：
1.10.2	投标人提出问题的截止时间	
1.10.3	招标人书面澄清的时间	
1.11	偏离	□ 不允许 □ 允许
2.1	构成招标文件的其他材料	
2.2.1	投标人要求澄清招标文件的截止时间	
2.2.2	投标截止时间	_____年___月___日___时___分
2.2.3	投标人确认收到招标文件澄清的时间	
2.3.2	投标人确认收到招标文件修改的时间	

（续表）

条款号	条 款 名 称	编 列 内 容
3.1.1	构成投标文件的其他材料	
3.2.3	最高投标限价或其计算方法	
3.3.1	投标有效期	
3.4.1	投标保证金	□ 不要求递交投标保证金 □ 要求递交投标保证金 　投标保证金的形式： 　投标保证金的金额：
3.5.2	近年财务状况的年份要求	＿＿＿＿＿年
3.5.3	近年完成的类似项目的年份要求	＿＿＿＿＿年
3.6.3	签字或盖章要求	
3.6.4	投标文件副本份数	＿＿＿＿份
3.6.5	装订要求	
4.1.2	封套上应载明的信息	招标人地址： 招标人名称： ＿＿＿＿（项目名称）投标文件 在＿＿＿年＿＿月＿＿日＿＿时＿＿分前 不得开启
4.2.2	递交投标文件地点	
4.2.3	是否退还投标文件	□ 否 □ 是
5.1	开标时间和地点	开标时间：同投标截止时间 开标地点：
5.2	开标程序	密封情况检查： 开标顺序：
6.1.1	评标委员会的组建	评标委员会构成：＿＿＿人，其中招标人代表＿＿＿人，专家＿＿＿人； 评标专家确定方式：
7.1	是否授权评标委员会确定中标人	□ 是 □ 否，推荐的中标候选人数：
7.2	中标候选人公示媒介	
7.4.1	履约担保	履约担保的形式： 履约担保的金额：
9	需要补充的其他内容	
10	电子招标投标	□ 否 □ 是，具体要求：
……		……

　　第二步:根据范例与实际情况编写投标人须知正文,并将其加入到招标文件当中。投标人须知正文直接引用中华人民共和国《标准施工招标文件》(2012 版)第一卷第二章第二节"投标人须知正文",具体内容详见附录 A。

　　第三步:根据教师的相关要求,在教师的指导下拟完成附表格式中各表格文件的填写制作。

　　附表格式包括招标活动中需要使用的表格文件格式,通常有开标记录表(图2-1)、问题澄清通知(图 2-2)、问题的澄清(图 2-3)、中标通知书(图 2-4)、中标结果通知书(图 2-5)、确认通知(图 2-6)等。

_____(项目名称)开标记录表

开标时间:____年____月____日____时____分

序号	投标人	密封情况	投标保证金	投标报价/元	质量标准	工期	备注	签名
招标人编制的标底/最高限价								

招标人代表:_____　　　记录人:_____　　　监标人:_____

_____年____月____日

图 2-1　开标记录表

问题澄清通知

编号：

_____(投标人名称)：

_____(项目名称)招标的评标委员会,对你方的投标文件进行了仔细的审查。现需你方对下列问题以书面形式予以澄清：

1. ……

2. ……

……

请将上述问题的澄清于_____年_____月_____日_____时前递交至_____(详细地址)或传真至_____(传真号码),采用传真方式的,应在_____年_____月_____日_____时前将原件递交至_____(详细地址)。

招标人或招标代理机构：_____(签字或盖章)

_____年___月___日

图 2-2　问题澄清通知

问题的澄清

编号：

_____(项目名称)招标评标委员会：

问题澄清通知(编号：_____)已收悉,现澄清如下：

1. ……

2. ……

……

投标人：_____(盖单位章)

法定代表人或其委托代理人：_____(签字)

_____年___月___日

图 2-3　问题的澄清

中标通知书

_____(中标人名称):

你方于_____(投标日期)所递交的_____(项目名称)投标文件已被我方接受,被确定为中标人。

中标价:_____元。

工期:_____日历天。

工程质量:符合_____标准。

项目经理:_____(姓名)。

请你方在接到本通知书后的_____日内到_____(指定地点)与我方签订承包合同,在此之前按招标文件第二章"投标人须知"第7.4款规定向我方提交履约担保。

随附的澄清、说明、补正事项纪要,是本中标通知书的组成部分。

特此通知。

附:澄清、说明、补正事项纪要

招标人:_____(盖单位章)

法定代表人:_____(签字)

_____年____月____日

图 2-4　中标通知书

中标结果通知书

_____(未中标人名称):

我方已接受_____(中标人名称)于_____(投标日期)所递交的_____(项目名称)投标文件,确定_____(中标人名称)为中标人。

感谢你单位对我们工作的大力支持!

招标人:_____(盖单位章)

法定代表人:_____(签字)

_____年____月____日

图 2-5　中标结果通知书

确认通知

_____(招标人名称)：

你方于___年___月___日发出的_____(项目名称)关于_____的通知，

我方已于___年___月___日收到。

特此确认。

投标人：_____(盖单位章)

_____年___月___日

图 2-6　确认通知

2.3　成绩评定

表 2-2　　　　　　　　　　　实训成绩评定表

任务目标				
考核内容		分值	评定等级	
类	项		学生自评	教师评价
实训掌握	文件了解	20		
实训成果	投标人须知前附表	40		
	投标人须知正文	20		
	附表格式	20		
权重			0.3	0.7
成绩评定				

2.4　思考题

（1）投标人须知包括哪些内容？

（2）投标人须知前附表有哪些作用？

（3）附表格式包括哪些内容？

（4）招标文件如果只有投标人须知前附表而缺少投标人须知正文是否仍有效？

2.5　教学建议

建议教师利用附录 A 招标文件范例中的投标人须知，并结合附录 B 的工程实例自主设定相关项目背景及资料，让学生根据本项目实训目标自主学习完成投标人须知前附表及正文的编写。另外，附表格式中各表格文件的填写，需要教师事先根据项目内容，合理地拟定相关项目资料提供给学生，并指导学生学习完成附表格式的填写制作。

任务 3 评标办法编制

评标,是指按照规定的标准和方法,对各投标人的投标文件进行评价比较和分析,从中选出最佳投标人的过程。评标应由招标人依法组建的评标委员会负责,即由招标人按照法律的规定,挑选符合条件的人员组成评标委员会,负责对各投标文件的评审工作。招标人组建的评标委员会应按照招标文件中规定的评标标准和方法进行评标工作,对招标人负责,从投标竞争者中评选出最符合招标文件各项要求的投标者,最大限度地实现招标人的利益。

评标办法一般包括经评审的最低投标价法、综合评估法以及法律、行政法规允许的其他评标办法。

(1)经评审的最低投标价法,应该推荐能够满足招标文件的实质性要求,并且经评审的投标价格最低的投标人为中标候选人,但是投标价格低于其成本的除外。经评审的最低投标价法一般是用于具有通用技术、性能标准或者招标人对其技术、性能没有特殊要求,工程施工技术管理方案选择性能较小,且工程质量工期、成本受施工技术管理的方案影响较小,工程管理要求简单的施工招标项目的评标。

(2)综合评估法,应当推荐能够最大限度地满足招标文件中规定的各项综合评价标准的投标人为中标候选人,但是投标价格低于其成本的除外。综合评估法一般适用于工程建设规模较大,且工程质量工期和成本受管理方案影响较大,工程管理要求较高的施工招标项目的评标。

招标文件中"评标办法"主要包括选择评标办法、确定评审因素和标准以及确定评标程序三方面内容。招标文件中应选择评标办法,一般选择经评审的最低投标价法或综合评估法。招标文件应针对初步评审和详细评审分别制定相应的评审因素和标准。评标工作一般包括初步评审、详细评审,招标文件应澄清、说明评标的具体程序。

招标人应选择适宜招标项目特点的评标方法。评标必须以招标文件为依据,不得采用招标文件规定以外的标准和方法进行评标,凡是评标中需要考虑的因素都必须写入招标文件。同时,招标文件必须有相关评标办法的明确说明,招标文件才会有效。

3.1　教学目标

本项实训的目标是学会制作评标办法前附表,将内容加入到招标文件当中,并能够制定评标流程。

3.2　实训操作

第一步:参考附录 A 中招标文件的相关内容,按照本实训项目的具体内容及教师给出的相关资料,参考评标办法前附表(表 3-1)的格式要求,完成评标办法前附表的制作。评标办法前附表是对评标办法正文相应条款的具体约定、补充和修改,不一致的以此表为准。

第二步:根据范例与实际情况编写评标办法正文,并将其加入到招标文件当中。评标办法正文直接引用中华人民共和国《标准施工招标文件》(2012 版)第一卷第三章第二节"评标办法正文",具体内容详见附录 A。

表 3-1　　　　　　　　　　综合评估法评标办法前附表

条款号		评审因素	评审标准
2.1.1	形式评审标准	投标人名称	与营业执照、资质证书、安全生产许可证一致
		投标函签字盖章	有法定代表人或其委托代理人签字或加盖单位章
		投标文件格式	符合中华人民共和国《标准施工招标文件》(2012 版)第一卷第八章"投标文件格式"的要求
		报价唯一	只能有一个有效报价
		……	……
2.1.2	资格评审标准	营业执照	具备有效的营业执照
		安全生产许可证	具备有效的安全生产许可证
		资质等级	符合"投标人须知"第 1.4.1 项规定
		项目经理	符合"投标人须知"第 1.4.1 项规定
		财务要求	符合"投标人须知"第 1.4.1 项规定
		业绩要求	符合"投标人须知"第 1.4.1 项规定
		其他要求	符合"投标人须知"第 1.4.1 项规定
		……	……

（续表）

条款号		评审因素	评审标准
2.1.3	响应性评审标准	投标报价	符合"投标人须知"第3.2.3项规定
		投标内容	符合"投标人须知"第1.3.1项规定
		工期	符合"投标人须知"第1.3.2项规定
		工程质量	符合"投标人须知"第1.3.3项规定
		投标有效期	符合"投标人须知"第3.3.1项规定
		投标保证金	符合"投标人须知"第3.4.1项规定
		权利义务	符合"合同条款及格式"规定
		已标价工程量清单	符合"工程量清单"给出的范围及数量
		技术标准和要求	符合"技术标准和要求"规定
		……	……

条款号	条款内容	编列内容
2.2.1	分值构成 （总分100分）	施工组织设计：_____分 项目管理机构：_____分 投标报价：_____分 其他评分因素：_____分
2.2.2	评标基准价计算方法	
2.2.3	投标报价的偏差率计算公式	偏差率＝100％×（投标人报价－评标基准价）/评标基准价

条款号		评分因素	评分标准
2.2.4(1)	施工组织设计评分标准	内容完整性和编制水平	……
		施工方案与技术措施	……
		质量管理体系与措施	……
		安全管理体系与措施	……
		环境保护管理体系与措施	……
		工程进度计划与措施	……
		资源配备计划	……
		……	……
2.2.4(2)	项目管理机构评分标准	项目经理任职资格与业绩	……
		其他主要人员	……
		……	……
2.2.4(3)	投标报价评分标准	偏差率	……
		……	……
2.2.4(4)	其他因素评分标准	……	……

第三步:采用经评审的最低投标价法(表 3-2),并按照教师的相关要求,完成本实训项目招标文件中评标办法内容的制作,并通过比较两种评标办法的异同点,思考两种评标办法各自的优缺点。

表 3-2　　　　　　　　　　　经评审的最低投标价法评标办法前附表

条款号		评审因素	评审标准
2.1.1	形式评审标准	投标人名称	与营业执照、资质证书、安全生产许可证一致
		投标函签字盖章	有法定代表人或其委托代理人签字或加盖单位章
		投标文件格式	符合中华人民共和国《标准施工招标文件》(2012 版)第一卷第八章"投标文件格式"的要求
		报价唯一	只能有一个有效报价
		……	……
2.1.2	资格评审标准	营业执照	具备有效的营业执照
		安全生产许可证	具备有效的安全生产许可证
		资质等级	符合"投标人须知"第 1.4.1 项规定
		项目经理	符合"投标人须知"第 1.4.1 项规定
		财务要求	符合"投标人须知"第 1.4.1 项规定
		业绩要求	符合"投标人须知"第 1.4.1 项规定
		其他要求	符合"投标人须知"第 1.4.1 项规定
		……	……
2.1.3	响应性评审标准	投标报价	符合"投标人须知"第 3.2.3 项规定
		投标内容	符合"投标人须知"第 1.3.1 项规定
		工期	符合"投标人须知"第 1.3.2 项规定
		工程质量	符合"投标人须知"第 1.3.3 项规定
		投标有效期	符合"投标人须知"第 3.3.1 项规定
		投标保证金	符合"投标人须知"第 3.4.1 项规定
		权利义务	符合"合同条款及格式"规定
		已标价工程量清单	符合"工程量清单"给出的范围及数量
		技术标准和要求	符合"技术标准和要求"规定
		……	……
2.1.4	施工组织设计评审标准	质量管理体系与措施	……
		安全管理体系与措施	……
		环境保护管理体系与措施	……
		工程进度计划与措施	……
		资源配备计划	……
		……	……

(续表)

条款号	量化因素		量化标准
2.2	详细评审标准	单价遗漏	……
		不平衡报价	……
		……	……

3.3 成绩评定

实训成绩评定表如表 3-3 所示。

表 3-3　　　　　　　　　　　　　实训成绩评定表

任务目标				
考核内容		分值	评定等级	
类	项		学生自评	教师评价
实训掌握	评标流程	40		
实训成果	评标办法表格	40		
	评标记录	20		
权重			0.3	0.7
成绩评定				

3.4 思考题

（1）评标办法主要分为哪两种？

（2）两种评标办法分别适用于什么特点的招标项目？

（3）请简述评标程序的具体内容？

（4）评标办法是否有固定表格形式？

3.5 教学建议

建议教师利用附录 A 招标文件范例中的评标办法，并自主设定相关项目背景及资料，让学生自主学习并完成评标办法的制作。教师可就本实训项目适合哪种评标办法，组织学生展开讨论，最后总结出两种评标办法各自的优缺点及适用条件，使学生更深刻地学习领会该部分内容。

任务 4 合同及履约担保填写

合同条款是当事人合意的产物,是合同内容的表现形式,是确定合同当事人权利义务的根据。合同条款应当明确、肯定、完整,而且条款之间不能相互矛盾,便于双方当事人准确理解条款含义,否则将影响合同成立、生效和履行。合同条款分为通用合同条款和专用合同条款。通用合同条款直接引用中华人民共和国《标准施工招标文件》(2012 版)第一卷第四章第一节"通用合同条款"。

履约担保,是指发包人在招标文件中规定的要求承包人提交的保证履行合同义务的担保。一般由担保人(担保公司)向招标人出具履约保函,保证建设工程承包合同中规定的一切条款将在规定的日期内,以不超过双方议定的价格,按照约定的质量标准完成。一旦承包商在合同执行过程中违约或因故无法完成合同,则保证担保人可以向该承包商提供资金或其他形式的资助以使其有能力完成合同,或在保额内赔付以弥补发包人的经济损失。

在招标文件中列出合同条款是为了中标后双方签订合同而做的准备。承包人按中标通知书规定的时间与发包人签订合同协议书。除法律另有规定或合同另有约定外,发包人和承包人的法定代表人或其委托代理人在合同协议书上签字并盖单位章后,合同生效。合同条款由于内容比较多,可以进行单独装订,也可以编入招标文件。

4.1 教学目标

本项实训的目标是学会编写合同条款,将其加入到招标文件当中,学习拟定合同协议书和履约担保。

4.2 实训操作

第一步:参考附录 A 中招标文件的相关内容,按照本实训项目的具体内容及教师给出的相关资料,完成招标文件中合同条款内容的编写。

第二步:按本实训项目内容及教师的相关要求,按照图 4-1 的格式要求完成合同协议书的填写,按照图 4-2 的格式要求完成履约担保的填写。

合同协议书

　　_____（发包人名称,以下简称"发包人"）为实施_____（项目名称）,已接受_____（承包人名称,以下简称"承包人"）对该项目的投标。发包人和承包人共同达成如下协议。

　　1. 本协议书与下列文件一起构成合同文件:

　　（1）中标通知书;

　　（2）投标函及投标函附录;

　　（3）专用合同条款;

　　（4）通用合同条款;

　　（5）技术标准和要求;

　　（6）图纸;

　　（7）已标价工程量清单;

　　（8）其他合同文件。

　　2. 上述文件互相补充和解释,如有不明确或不一致之处,以合同约定次序在先者为准。

　　3. 签约合同价:人民币（大写）_____（￥_____）。

　　4. 合同形式:_____。

　　5. 计划开工日期:_____年_____月_____日;

　　　　计划竣工日期:_____年_____月_____日;工期:_____日历天。

　　6. 承包人项目经理:_____。

　　7. 工程质量符合_____标准。

　　8. 承包人承诺按合同约定承担工程的施工、竣工交付及缺陷修复。

　　9. 发包人承诺按合同约定的条件、时间和方式向承包人支付合同价款。

　　10. 本协议书一式____份,合同双方各执____份。

　　11. 合同未尽事宜,双方另行签订补充协议。补充协议是合同的组成部分。

发包人:_____（盖单位章）　　承包人:_____（盖单位章）

法定代表人或其委托代理人:_____（签字）　　法定代表人或其委托代理人:_____（签字）

　　　　　　_____年___月___日　　　　　　　　_____年___月___日

图 4-1　合同协议书

履约担保

_____(发包人名称):

　　鉴于_____(发包人名称,以下称"发包人")接受_____(承包人名称,以下称"承包人")于_____年___月___日参加_____(项目名称)的投标。我方愿意就承包人履行与你方订立的合同,向你方提供担保。

　　1. 担保金额人民币(大写)_____(￥_____)。

　　2. 担保有效期自发包人与承包人签订的合同生效之日起至发包人签发工程接收证书之日止。

　　3. 在本担保有效期内,因承包人违反合同约定的义务给你方造成经济损失时,我方在收到你方以书面形式提出的在担保金额内的赔偿要求后,在 7 天内支付。

　　4. 发包人和承包人按(通用合同条款)第 9 条变更合同时,我方承担本担保规定的义务不变。

担 保 人:_____(盖单位章)
法定代表人或其委托代理人:_____(签字)
地　　　址:_____
邮政编码:_____
电　　　话:_____
传　　　真:_____
_____年___月___日

图 4-2　合同履约担保

4.3　成绩评定

实训成绩评定表如表 4-1 所示。

表 4-1　　　　　　　　　　　　　　　实训成绩评定表

任务目标				
考核内容		分值	评定等级	
类	项		学生自评	教师评价
实训掌握	文件了解	10		
	资料收集	10		
实训成果	合同条款	40		
	合同协议书、履约担保	40		
权重			0.3	0.7
成绩评定				

4.4　思考题

（1）合同协议书中"上述文件互相补充和解释，如有不明确或不一致之处，以合同约定次序在先者为准"代表什么意思？

（2）招标文件、投标文件与合同文件的区别和关系是什么？

（3）合同条款分为哪两种？分别应该如何编写？

（4）履约担保的作用是什么？

4.5　教学建议

建议教师利用附录 A 招标文件范例中的合同条款及格式，并自主设定相关项目背景及条款要求，让学生自主学习完成合同条款的编制。另外，合同协议书及履约担保的填写，需要教师根据项目内容合理地拟定相关资料，并参考相关规范，指导学生学习并完成合同协议书及履约担保的填写制作。

任务 5　工程量清单编制

工程量清单是依据国家或行业有关工程量清单的"计价规范"标准和招标文件中有约束力的设计图纸、技术标准、合同条款中约定的工程量计量和计价规则计算编制的,反映拟建工程分部分项工程建设项目、措施项目、其他项目、规费项目和税金项目的名称、规格和相应数量的明细清单。工程量清单应按照国家及行业统一的工程建设项目划分标准、项目名称、项目编码、工程量计算规则、计算单位及格式要求进行计算,编制列表。约定计量规则中没有的子目,其工程量按照有合同约束力的图纸所标示的尺寸的理论净量计算。计量采用中华人民共和国法定计量单位。

工程量清单与图纸作为投标人的参考文件出现在招标文件当中,可以以单独装订的文本形式呈现,也可以是以光盘刻录的电子文本形式呈现。

5.1　教学目标

本项实训的目标是根据附录 B 的工程项目编写工程量清单,并与图纸一同编入招标文件之中。

5.2　实训操作

第一步:根据本实训项目的施工图纸及教师给出的相关资料,完成工程量清单表(图 5-1)、工程量清单单价分析表(图 5-2)、计日工表(图 5-3)等的填写制作,完成投标报价汇总表(图 5-4)。填写制作项目的工程量清单时,应注意随时查阅招标文件中的投标人须知、通用合同条款、专用合同条款、技术标准和施工图纸等。表格填写中还要注意以下几点:

(1) 工程量清单中的每一子目须填入单价或价格,且只允许有一个报价。

(2) 工程量清单中标价的单价或金额,应包括所需的人工费、材料费、施工机具使用费、企业管理费、利润以及一定范围内的风险费用等。

(3) 工程量清单中投标人没有填入单价或价格的子目,其费用视为已分摊在工程量清单中其他相关子目的单价或价格之中。

工程量清单表

_____（项目名称）

序号	编码	子目名称	内 容 描 述	单位	数量	单价	合价

本页报价合计：_____

图 5-1　工程量清单表

工程量清单单价分析表

序号	编码	子目名称	人工费			材料费						机械使用费	其他	管理费	利润	单价
			工日	单价	金额	主材				辅材费	金额					
						主材耗量	单位	单价	主材费							

图 5-2 工程量清单单价分析表

计日工表

劳 务

编号	子目名称	单位	暂定数量	单价	合价

劳务小计金额：_____
（计入"计日工汇总表"）

材 料

编号	子目名称	单位	暂定数量	单价	合价

材料小计金额：_____
（计入"计日工汇总表"）

施工机械

编号	子目名称	单位	暂定数量	单价	合价

施工机械小计金额：_____
（计入"计日工汇总表"）

计日工汇总表

名称	金额	备注
劳务		
材料		
施工机械		

计日工总计：_____
（计入"投标报价汇总表"）

图 5-3 计日工表

投标报价汇总表

_____(项目名称)

汇总内容	金额	备注
……		
……		
……		
……		
……		
……		
……		
……		
……		
……		
……		
……		
……		
清单小计 A		
暂列金额 E		
包含在暂列金额中的计日工 D		
规费 G		
税金 H		
投标报价 P＝A＋E＋G＋H		

图 5-4 投标报价汇总表

第二步:施工图纸是工程量清单编制最根本的依据,整理图纸目录如图 5-5 所示,将施工图纸放入招标文件中。

图纸目录

序号	图名	图号	版本	出图日期	备注

图 5-5　图纸目录

5.3　成绩评定

实训成绩评定表如表 5-1 所示。

表 5-1　　　　　　　　　　　　　　　实训成绩评定表

任务目标				
考核内容		分值	评定等级	
类	项		学生自评	教师评价
实训掌握	文件了解	10		
实训成果	工程量清单表	25		
	工程量清单单价分析表	25		
	计日工表	25		
	投标报价汇总表	10		
	图纸目录	5		
权重			0.3	0.7
成绩评定				

5.4　思考题

(1) 工程量清单与图纸在合同文件中仍会涉及,有无必要出现在招标文件当中?

(2) 为什么说工程量清单与图纸有很大灵活性?

(3) 任务附录的表格是否为工程量清单制作的唯一标准?

(4) 工程量清单在编写之前是否需要有说明?

5.5　教学建议

建议教师可参考相关工程概预算教材,并结合本实训项目施工图纸,自主拟定相关项目资料,指导学生学习各工程量清单和计价表的制作过程及方法。工程量清单制作的工作量非常大,不要求学生完成全部工程量清单的制作,只需掌握其制作程序及方法即可。

任务 6　投标文件编制

投标文件指具备承担招标项目能力的投标人，按照招标文件的要求编制的，向招标人发出的要约文件。在投标文件中应当对招标文件提出的实质性要求和条件作出回答，或称响应。这里所指的实质性要求和条件，一般是指招标文件中有关招标项目的价格、招标项目的计划、招标项目的技术规范方面的要求和条件，以及合同的主要条款（包括一般条款和特殊条款）。响应的方式是投标人按照招标文件进行填报，不得遗漏或回避招标文件中的问题。

根据《招标投标法》第 27 条的规定，投标人应当按照招标文件的要求编制投标文件。投标文件一般由"投标函部分""商务部分""技术部分"和"资格审查资料"四部分组成。工程建设项目的投标文件一般包括下列内容：

（1）投标函及投标函附录；

（2）法定代表人身份证明或附有法定代表人身份证明的授权委托书；

（3）联合体协议书（如有）；

（4）投标保证金；

（5）已标价工程量清单；

（6）施工组织设计；

（7）资格审查资料（资格后审）或资格预审更新资料；

（8）项目管理机构。

6.1　教学目标

本项实训的目标是在前面各个实训项目的基础上，完成投标文件的编写制作。

6.2　实训操作

第一步：根据已完成的本实训项目的招标文件及教师给出的相关资料，参考以下投标文件的格式要求，拟制作一份完整的投标文件。以下投标文件的格式包括了投标活动中常需要使用的表格文件格式,通常有投标文件封面(图 6-1)、投标文件目录(图 6-2)、投标函(图 6-3)、投标函附录(图 6-4)、法定代表人身份证明(图 6-5)、授权委托书(图 6-6)、投标保证金(图 6-7)、已标价工程量清单(图 6-8)、施工组织设计(图 6-9)、拟投入本项目的主要施工设备表(图 6-10)、劳动力计划表(图 6-11)、进度计划(图 6-12)、施工总平面图(图 6-13)、投标人基本情况表(图 6-14)、近年财务状况表(图 6-15)、近年完成类似项目情况表(图 6-16)、正在实施的和新承接的项目情况表(图 6-17)、项目管理机构组成表(图 6-18)、项目经理简历表(图 6-19)等。

_____(项目名称)

投 标 文 件

投标人:_____(盖单位章)

法定代表人或其委托代理人:_____(签字)

_____年___月___日

图 6-1 投标文件封面

目　　录

图 6-2　投标文件目录

一、投标函及投标函附录

（一）投标函

＿＿＿＿＿＿＿＿（招标人名称）：

1. 我方已仔细研究了＿＿＿＿＿＿＿（项目名称）招标文件的全部内容,愿意以人民币(大写)＿＿＿＿＿＿(￥＿＿＿＿)的投标总报价,工期＿＿＿＿日历天,按合同约定实施和完成承包工程,修补工程中的任何缺陷,工程质量达到＿＿＿＿。

2. 我方承诺在招标文件规定的投标有效期内不修改、撤销投标文件。

3. 随同本投标函提交投标保证金一份,金额为人民币(大写)＿＿＿＿＿＿＿＿(￥＿＿＿＿)。

4. 如我方中标:

(1) 我方承诺在收到中标通知书后,在中标通知书规定的期限内与你方签订合同。

(2) 随同本投标函递交的投标函附录属于合同文件的组成部分。

(3) 我方承诺按照招标文件规定向你方递交履约担保。

(4) 我方承诺在合同约定的期限内完成并移交全部合同工程。

5. 我方在此声明,所递交的投标文件及有关资料内容完整、真实和准确,且不存在第二章"投标人须知"第 1.4.2 项和第 1.4.3 项规定的任何一种情形。

6. ＿＿＿＿＿＿＿＿＿＿＿＿(其他补充说明)。

投标人：＿＿＿＿＿＿＿＿＿＿＿(盖单位章)

法定代表人或其委托代理人：＿＿＿＿(签字)

地址：＿＿＿＿＿＿＿＿＿＿＿＿＿＿＿

网址：＿＿＿＿＿＿＿＿＿＿＿＿＿＿＿

电话：＿＿＿＿＿＿＿＿＿＿＿＿＿＿＿

传真：＿＿＿＿＿＿＿＿＿＿＿＿＿＿＿

邮政编码：＿＿＿＿＿＿＿＿＿＿＿＿

＿＿＿＿年＿＿月＿＿日

图 6-3　投标函

（二）投标函附录

序号	条款名称	合同条款号	约定内容	备注
1	项目经理	1.1.2.4	姓名：_____	
2	工期	1.1.4.3	天数：_____日历天	
3	缺陷责任期	1.1.4.5		
......	......	......	......	
......	......	......	......	
......	......	......	......	
......	......	......	......	
......	......	......	......	

图 6-4　投标函附录

二、法定代表人身份证明

投标人名称：_____

单位性质：_____

地址：_____

成立时间：_____年____月____日

经营期限：_____

姓名：_____　性别：_____　年龄：_____　职务：_____

系_____（投标人名称）的法定代表人。

　　特此证明。

投标人：_____（盖单位章）

_____年____月____日

图 6-5　法定代表人身份证明

三、授权委托书

本人_____(姓名)系_____(投标人名称)的法定代表人,现委托_____(姓名)为我方代理人,代理人根据授权,以我方名义签署、澄清、说明、补正、递交、撤回、修改_____(项目名称)投标文件、签订合同和处理有关事宜,其法律后果由我方承担。

委托期限:_____。

代理人无转委托权。

附:法定代表人身份证明

投标人:_____(盖单位章)

法定代表人:_____(签字)

身份证号码:_____

委托代理人:_____(签字)

身份证号码:_____

_____年____月____日

图 6-6　授权委托书

四、投标保证金

_____(招标人名称):

鉴于_____(投标人名称)(以下称"投标人")于_____年____月____日参加_____(项目名称)的投标,_____(担保人名称,以下简称"我方")保证:投标人在规定的投标文件有效期内撤销或修改其投标文件的,或者投标人在收到中标通知书后无正当理由拒签合同或拒交规定履约担保的,我方承担保证责任。收到你方书面通知后,在 7 日内向你方支付人民币(大写)_____。

本保函在投标有效期内保持有效。要求我方承担保证责任的通知应在投标有效期内送达我方。

担保人名称:_____(盖单位章)

法定代表人或其委托代理人:_____(签字)

地　　址:_____

邮政编码:_____

电　　话:_____

传　　真:_____

_____年____月____日

图 6-7　投标保证金

五、已标价工程量清单

工程名称：

项目编号	项目名称	单位	工程量	投标报价		备注
				单价/元	合价/元	

投标人：
法定代表人（或委托代理人）：

图 6-8　已标价工程量清单

六、施工组织设计

1. 投标人编制施工组织设计的要求：编制时应简明扼要地说明施工方法，工程质量、安全生产、文明施工、环境保护、冬（雨）季施工、工程进度、技术组织等主要措施。用图表形式阐明本项目的施工总平面、进度计划以及拟投入主要施工设备、劳动力、项目管理机构等。

2. 图表及格式要求：

附表一　拟投入本项目的主要施工设备表

附表二　劳动力计划表

附表三　进度计划

附表四　施工总平面图

图 6-9　施工组织设计

附表一：拟投入本项目的主要施工设备表

序号	设备名称	型号规格	数量	国别产地	制造年份	额定功率/kW	生产能力	用于施工部位	备注

图 6-10 拟投入本项目的主要施工设备表

附表二:劳动力计划表

单位:人

工种	按工程施工阶段投入劳动力情况					

图 6-11 劳动力计划表

附表三：进度计划

1. 投标人应递交施工进度网络图或施工进度表,说明按招标文件要求的计划工期进行施工的各个关键日期。

2. 施工进度表可采用网络图或横道图表示。

图 6-12　进度计划

附表四：施工总平面图

投标人应递交一份施工总平面图,绘出现场临时设施布置图表,并注明临时设施、加工车间、现场办公、设备及仓储、供电、供水、卫生、生活、道路、消防等设施的情况和布置。

图 6-13　施工总平面图

七、资格审查资料

（一）投标人基本情况表

投标人名称						
注册地址				邮政编码		
联系方式	联系人			电话		
	传　真			网址		
组织结构						
法定代表人	姓名		技术职称		电话	
技术负责人	姓名		技术职称		电话	
成立时间			员工总人数：			
企业资质等级		其中	项目经理			
营业执照号			高级职称人员			
注册资金			中级职称人员			
开户银行			初级职称人员			
账号			技　术			
经营范围						
备注						

图 6-14　投标人基本情况表

（二）近年财务状况表

一、开户银行情况

开户银行	名称：	
	地址：	
	电话：	联系人及职务：
	传真：	

二、近3年每年的财务情况

单位:万元

项目或指标	20　年	20　年	20　年
1. 流动资产			
其中:货币资金			
预付及应收账款			
待摊费用			
存货			
2. 固定资产			
其中:固定资产原值			
固定资产净值			
3. 资产总额			
4. 流动负债			
其中:预收及应付款			
短期借款			
5. 负债总额			
6. 所有者权益			
其中:实收资本			
7. 实现利润总额			
8. 企业财务指标			
1) 企业净资产			
2) 资产负债率			
3) 流动比率			
4) 资本金利润率			

注:近3年经审计的年度财务报表(资产负债表、损益表、现金流量表及审计报告)复印件。

图 6-15　近年财务状况表

（三）近年完成的类似项目情况表

项目名称	
项目所在地	
发包人名称	
发包人地址	
发包人电话	
合同价格	
开工日期	
竣工日期	
承担的工作	
工程质量	
项目经理	
技术负责人	
项目描述	
备注	

图 6-16　近年完成类似项目情况表

（四）正在实施的和新承接的项目情况表

项目名称	
项目所在地	
发包人名称	
发包人地址	
发包人电话	
签约合同价	
开工日期	
计划竣工日期	
承担的工作	
工程质量	
项目经理	
技术负责人	
项目描述	
备注	

图 6-17 正在实施的和新承接的项目情况表

八、项目管理机构

（一）项目管理机构组成表

职务	姓名	职称	执业或职业资格证明					备注
			证书名称	级别	证号	专业	养老保险	

图 6-18　项目管理机构组成表

（二）项目经理简历表

应附注册建造师执业资格证书、身份证、职称证、学历证、养老保险复印件,管理过的项目业绩须附合同协议书复印件。

姓名		年龄		学历	
职称		职务		拟在本合同任职	
毕业学校	年毕业于 学校 专业				
主要工作经历					
时间	参加过的类似项目		担任职务	发包人及联系电话	

图 6-19 项目经理简历表

6.3　成绩评定

实训成绩评定表如表 6-1 所示。

表 6-1　　　　　　　　　　　　　实训成绩评定表

任务目标				
考核内容		分值	评定等级	
类	项		学生自评	教师评价
实训掌握	文件了解	20		
实训成果	投标文件	80		
权重			0.3	0.7
成绩评定				

6.4　思考题

（1）投标文件是否在招标文件当中就已经完成填写？

（2）为什么说投标文件格式是作为投标人的重要参考依据？

（3）招标文件书中的投标文件与投标人编写的投标文件有什么区别？

（4）投标文件是否有固定内容？

（5）投标人是否能够在格式基础上进行修改？

6.5　教学建议

建议教师根据已经完成的本实训项目的招标文件，自主设定相关项目背景及合理拟定相关必要条件，指导学生参考投标文件的格式要求，学习完成本实训项目投标文件的制作。

单元 2
车间生产

本单元实训内容主要是学习钢结构零构件的加工与制作,包括本实训项目中各钢梁、钢柱的制作。在以下的介绍中,主要通过介绍本实训项目中 H 型钢主梁 HN300×150×6.5×9(ZL1)的制作加工流程,使学生学会钢结构各构件的车间生产方法及流程。

H 型钢的加工工艺流程为:审查图纸绘制加工工艺图→编制各类工艺流程图→原材料验收复验→分类堆放→原材料矫正→连接材料验收→放样→放样验收→制作样板→制作胎具及钻模→号料→号料检验→切割→制孔→边缘加工→弯制→零件矫正→防腐→分类堆放→组装→焊接→构件矫正→构件编号→除锈→油漆→验收。

任务 7　放样、号料

放样是钢结构制作工艺中的第一道工序,只有放样尺寸精确,才能避免以后各道加工工序的累积误差,保证整个工程的质量。放样的工作内容包括核对图纸的安装尺寸和孔距,以 1∶1 的大样放出节点,核对各部分的尺寸,制作样板和样杆。

号料是指根据施工图样的几何尺寸、形状制成样板,利用样板或计算出的下料尺寸,直接在板料或型钢表面上画出构件形状的加工界限。钢材号料的工作内容包括检查核对材料,在材料上画出切割、铣、刨、弯曲、钻孔等加工位置,打样冲孔,标出零件编号等。

7.1　教学目标

本项实训的目标是通过实际操作 H 型钢的放样、号料工序,学会 H 型钢的初步制作过程,完成 H 型钢的初步制作。

7.2　实训准备

(1) 放样划线时,应清楚标明装配标记、螺孔标注、加强板的位置方向、倾斜标记及中心线、基准线和检验线,必要时制作样板。

(2) 注意预留制作、安装时的焊接收缩余量;切割、刨边和铣加工余量;安装预留尺寸要求。

(3) 划线前,材料的弯曲和变形应予以矫正。

(4) 放样和样板的允许偏差如表 7-1 所示。

(5) 号料的允许偏差如表 7-2 所示。

(6) 质量检验方法:用钢尺检测。

表 7-1　　　　　　　　　　　　放样和样板(样杆)的允许偏差

项　目	允许偏差
平行线距离和分段尺寸	±0.5 mm
样板长度	±0.5 mm
样板宽度	±0.5 mm
样板对角线差	1.0 mm
样杆长度	±1.0 mm
样板的角度	±20′

表 7-2　　　　　　　　　　　　号料的允许偏差

项　目	允许偏差/mm
零件外形尺寸	±1.0
孔距	±0.5

7.3　实训操作

第一步:审核设计图。加工前,应进行设计图纸的审核,熟悉设计施工图和施工详图,做好各道工序的工艺准备,结合加工工艺,编制作业指导书。

第二步:准备放样工具与放样台。

第三步:确定加工余量。放样和号料需预留余量,通常主要包括切割余量、加工余量、焊接收缩量和弹性压缩量。

第四步:对钢材进行放样。放样应从熟悉图样开始,应首先看清施工技术要求,并逐个核对图样之间的尺寸和相互关系,校对图样各部尺寸有无不符之处。放样时以 1:1 的比例在样板台上弹出大样,放样所画的实笔线条粗细不得超过 0.5 mm,粉线在弹线时的粗细不得超过 1 mm。根据加工工艺图纸进行放样时,要核对图纸外形尺寸、安装关系、焊缝长度等,确定无误后方可进行放样,注意划线前材料的弯曲和变形应予以矫正。样板应注明图号、零件号、加工数量和加工边线、坡口尺寸等。放样工作完成后,对所放大样和样板进行自检,无误后报质检员进行检验。

第五步:钢构件号料。号料前认真检查钢材的材质、规格、数量、裂纹等,确定无误后进行号料。在钢材上画出加工位置线,并标出工艺的零件号,而后用样冲冲点。画线号料质量检验方法:用钢尺检测。号料时应注意其操作要点:

(1)不同规格、不同钢号的零件应分别号料,号料应依据先大后小的原则依次号料,且应考虑设备的可切割加工性。

(2)号料时,H 形截面的翼板及腹板焊缝不能设置在同一截面上,应相互错开 200 mm

以上,并与隔板错开 200 mm 以上。接料尽量采用大板接料形式。

（3）放样和号料应预留收缩量（包括现场焊接收缩量）及切割、铣端面等需要的加工余量。铣端面余量:剪切后加工的一般每边加 3～4 mm,气割后加工的则每边加 4～5 mm。切割余量:自动气割割缝宽度为 3 mm,手工气割割缝宽度为 4 mm(与钢板厚度有关)。焊接收缩量根据构件的结构特点由工艺给出。

（4）号料后的零件在切割前或加工后应严格进行自检和专检,使零件各部几何尺寸符合设计图的规定要求。

7.4　成绩评定

实训成绩评定表如表 7-3 所示。

表 7-3　　　　　　　　　　　　实训成绩评定表

任务目标				
考核内容		分值	评定等级	
类	项		学生自评	教师评价
实训掌握	案例了解	10		
	工作了解	10		
	操作过程	40		
实训成果	成品评价	40		
权重			0.3	0.7
成绩评定				

7.5　思考题

（1）号料的工作内容包括哪些?

（2）号料时,H 形截面的翼板及腹板焊缝应怎么设置?

（3）放样和号料为什么要预留收缩量?

（4）请说出 H 型钢的加工工艺流程?

7.6　教学建议

建议教师采用项目教学法。可根据附录 B 中的施工图纸,分小组认定不同的钢梁或钢柱,分别提供给学生必要的设计施工图和施工详图,指导学生完成 H 型钢梁或钢柱的放样、号料工作。

任务 8   切割下料

下料是根据施工图样的几何尺寸、形状来制成样板,再利用样板(或计算出的下料尺寸)直接在钢材的表面上画出构件形状的加工界线,最后通过采用锯切、剪切、冲裁或气割的手段而取得所需钢构件的工序。

钢材下料的切割方法有气割、机械切割和等离子切割等。H 型钢的翼缘板和腹板都为长条形钢板,且焊缝是连续长焊缝,宜采用半自动或自动气割机气割。气割是利用可燃气体与氧气混合燃烧的火焰热能将工件切割处预热到一定温度后,喷出高速切割氧流,使金属剧烈氧化并放出热量,利用切割氧流把熔化状态的金属氧化物吹掉,而实现切割的方法。

8.1   教学目标

本项实训的目标是通过实际操作 H 型钢的气割下料工序,学会 H 型钢的下料过程,完成 H 型钢的初步制作。

8.2   实训准备

本实训项目将以图 8-1 的零部件为例,学习焊接 H 型钢 HN300×150×6.5×9 的气割下料工作。

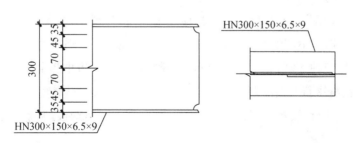

图 8-1   H 型钢切割位置尺寸

（1）准备好下料的各种工具。如各种量尺、手锤、中心冲、划规及气割机械等。

（2）检查对照样板及计算好的尺寸是否符合图样的要求。如果按图样的几何尺寸直接在板料或型钢上下料的，应细心检查计算下料尺寸是否正确，防止发生错误和由于错误造成的废品。

（3）钢材有弯曲和凹凸不平时，应先矫正，以减小下料误差。

（4）气割前，应将钢材切割区域表面的铁锈、污物等清除干净；气割后，应清除熔渣和飞溅物。

8.3 实训操作

第一步：准备切割设备。切割设备主要采用数控等离子、火焰多头直条切割机等。

第二步：做好气割前的准备工作。气割前必须检查确认整个气割系统的设备和工具全部运转正常，并确保安全。气割前，应去除钢材表面的污垢、油污及浮锈和其他杂物，并在下面留出一定的空间，以利于熔渣的吹出。

第三步：掌握气割操作时应注意的工艺要点。

（1）在气割过程中应注意：

（a）气压稳定，不漏气；

（b）压力表、速度计等正常无损；

（c）机体行走平稳，使用轨道时要保持平直和无振动；

（d）割嘴气流畅通，无污损；

（e）割炬的角度和位置准确。

（2）气割时应选择正确的工艺参数，工艺参数的选择主要是根据气割机械的类型和可切割的钢板厚度进行确定。

（3）切割时应调节好氧气射流（风线）的形状，使其达到并保持轮廓清晰、风线长和射力高。

（4）气割时，割炬的移动应保持均速，割件表面距离焰心尖端以 2～5 mm 为宜。

（5）气割时，必须防止回火。

（6）为了防止气割变形，操作应遵循下列程序：

（a）大型工件的切割，应先从短边开始；

（b）在钢板上切割不同尺寸的工件时，应靠边靠角，合理布置，先割大件，后割小件；

（c）在钢板上切割不同形状的工件时，应先割较复杂的，后割较简单的；

（d）窄长条形板的切割，采用两长边同时切割的方法，以防止产生旁弯。

第四步：对钢材进行气割下料。

（1）检查钢板的材质、规格、尺寸是否符合要求，试割同类钢板，调整切割参数及割嘴的气路的畅通性。

（2）吊钢板至气割平台上，将切割区域表面的铁锈、油污等杂质清除干净，调整钢板边缘与导轨的平行度在 0.5 mm/m 范围内；数控切割机要对钢板边缘进行整直。

（3）调整割枪与板面的垂直度，设定切割参数，并设定好割缝补偿量（一般为割嘴直径的二分之一）。

（4）进行点火切割，切割后清除熔渣和飞溅物，批量切割时首件应进行严格检查，检查尺寸合格后方能继续切割。

（5）检验：检查切割面平面度及条料尺寸、形状的正确性；检查合格后，按规定做好标记。

8.4 成绩评定

实训成绩评定表如表 8-1 所示。

表 8-1　　　　　　　　　　　　　　　　实训成绩评定表

任务目标				
考核内容		分值	评定等级	
类	项		学生自评	教师评价
实训掌握	工作了解	20		
	操作过程	40		
实训成果	成品评价	40		
权重			0.3	0.7
成绩评定				

8.5 思考题

（1）常用的钢材切割方法有哪些？

（2）气割时要注意哪些问题？

（3）什么是焊接收缩余量？

（4）为什么 H 型钢更宜采用半自动或自动气割机气割？

8.6 教学建议

建议教师根据附录 B 中的施工图纸，提供给学生必要的设计施工图和施工详图，布置学生完成 H 型钢梁的切割下料工作，并给出适当指导。注意提醒学生要在确保安全的前提下学习使用切割机械，避免事故的发生。

任务 9　制　　孔

用机械或机具在实体材料(如钢板、型钢等)上加工孔的作业为零件制孔。常用的制孔方法有冲孔、钻孔两种。冲孔是在冲孔机(冲床)上进行的,一般只能在较薄的钢板或型钢上冲。孔径一般不应小于钢材的厚度,多用于不重要的节点板、垫板、加强板等小件的孔加工,其制孔效率较高。钻孔是钢结构制作中普遍采用的方法,能用于几乎任何规格的钢板、型钢的孔加工。钻孔的原理是切削,故孔壁损伤较小,孔的精度较高。钻孔有人工钻孔和机床钻孔两种方式,前者由人工直接用手枪式电钻钻孔,多用于孔直径较小、板料较薄的孔;后者用台式或立式摇臂钻床钻孔,施钻方便,工效和精度高。

钢结构中的制孔包括制铆钉孔、普通螺栓连接孔、高强度螺栓孔、地脚螺栓孔等。

9.1　教学目标

本项实训的目标是学习焊接 H 型钢进行钻螺栓孔的操作技能。

9.2　实训准备

高强螺栓节点板钻孔一般在数控平面钻床上进行,H 型钢端部采用三维数控钻床钻孔。安装螺栓孔可采用摇臂钻钻孔。本项目以图 9-1 的连接孔为例,采用钻孔工艺对 H 型钢进行制孔。

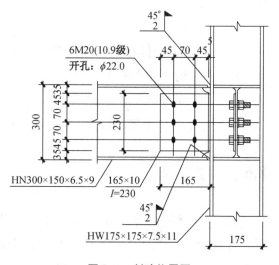

图 9-1　制孔位置图

9.3　实训操作

第一步:掌握钻孔的操作要点。

(1)钻孔要求:

(a)连接板上的孔均采用数控平面钻床

钻孔。

（b）钢柱本体上的孔待焊接、矫正合格，两端部铣平后才能钻孔。

（c）柱、梁均采用摇臂钻床钻孔。

（d）钢柱截面及重要部位受设备限制时，采用模板钻孔，定位豁口需机加工成型。

（e）钻孔时钢柱上、下端端铣平面为基准进行画线，画线时用划针画出两端腹板的几何中心线及第一排孔心中心线，然后选择正确的钻模板，对准中心线固定钻模板进行钻孔。

（2）孔径应符合表 9-1 的要求。

表 9-1　　　　　　　　　　　　　　　制孔加工精度标准

项目	允许偏差/mm
直径	±1.0
圆度	2.0
垂直度	$0.3t$ 且不大于 2.0
同一组内任意孔间距离	±1.0, ±1.5
相邻两组端孔的间距	±1.5, ±2.0, ±2.5, ±3.0

第二步：按照螺栓孔的尺寸及具体位置进行钻孔。通常零件上的孔眼可用普通立式钻床钻孔。通常采用的立式钻床由变速机、钻杆、主轴、手动进钻轮和卡盘等组成。钻孔前应先装上钻头并将工件固定在卡盘上，然后按下电钮使钻床运转，并根据孔的大小调整好钻杆的转速，孔小转速要快，孔大则转速要慢。调好转速后，即可将钻头对正孔的中心，扳动进钻把钻孔。

在钻孔时，应注意钻孔施工的技巧：

（1）构件钻孔前应进行试钻，经检验认可后方可正式钻孔。

（2）用划针和钢直尺在构件上画出孔的中心和直径，并在孔的圆周上（90°位置）打 4 个冲眼，作钻孔后检查用。孔中心的冲眼应大而深，在钻孔时作为钻头定心用。

（3）钻制精度要求高的精制螺栓孔或板叠层数多、长排连接、多排连接的群孔，可借助钻模卡在工件上制孔。使用钻模厚度为 15 mm 左右，钻套内孔直径比设计孔径大0.3 mm。

（4）为提高工效，也可将同种规格的板件叠合在一起钻孔，但必须卡牢或点焊固定。但是，重叠板厚度不应超过 50 mm。

（5）钻孔时，摆放构件的平台要平整，以保证孔的垂直度。

9.4 成绩评定

实训成绩评定表如表 9-2 所示。

表 9-2 实训成绩评定表

任务目标				
考核内容		分值	评定等级	
类	项		学生自评	教师评价
实训掌握	工作了解	20		
	操作过程	40		
实训成果	成品评价	40		
权重			0.3	0.7
成绩评定				

9.5 思考题

（1）本次实训需要制哪些孔？

（2）钻孔的特点是什么？

（3）钻孔施工的技巧是什么？

（4）钻孔的操作要点有哪些？

9.6 教学建议

建议教师可根据附录 B 中的施工图纸，提供给学生必要的设计施工图和施工详图，布置学生完成 H 型钢梁的制螺栓孔的工作。注意提醒学生要在确保安全的情况下学习使用钻孔机械，避免事故的发生。

任务 10　组　　装

　　组装是指按照施工图的要求,将已加工完成的各零件或半成品构件装配成独立的成品构件。钢结构构件组装宜在组装平台、组装支撑架或专用设备上进行。组装平台及组装支撑架应有足够的强度和刚度,并应便于构件的装卸、定位。在组装平台或组装支撑架上宜画出构件的中心线、端面位置线、轮廓线和标高线等基准线。

　　钢结构构件的组装方法较多,有地样法组装、仿形复制装配法、胎模装配法、立装、卧装等,较常采用的是地样法组装和胎模装配法。胎模装配法是用胎模把各零部件固定在其装配的位置上,然后焊接定位,使其一次性成型,其特点是装配质量高、工效快。

10.1　教学目标

　　本项实训的目标是通过理解 H 型钢胎模装配法的组装过程,掌握胎模装配法的组装工艺和操作技能。

10.2　实训准备

　　(1)组装前应备齐检测工具,如直角钢尺、钢板尺等,保证组装后有足够的精度。

　　(2)焊接 H 型钢组装允许偏差如表 10-1 所示。

表 10-1　　　　　　　　　　　　焊接 H 型钢组装允许偏差

项目		允许偏差/mm
截面高度(h)	$h < 500$	± 2.0
	$500 < h < 1\,000$	± 3.0
	$h > 1\,000$	± 4.0
截面宽度(b)		± 3.0
腹板中心偏移		2.0
翼缘板垂直度		$h/100,3.0$

10.3 实训操作

1. 第一步:完成组装前准备工作

(1) 技术准备。钢构件组装前应熟悉产品图纸和工艺规程,主要是了解产品的用途及结构特点,以便提出装配的支承与夹紧等措施;了解装配工艺规程和技术要求,以便确定控制程序、控制基准及主要控制数值。

(2) 材料及机具准备。钢构件组装视构件的大小、体型、重量等因素选择适合的组装胎具或胎膜、组装工具及固定构件所需的夹具。

2. 第二步:掌握组装的操作要点

(1) 组装应按工艺方法的组装次序进行,当有隐蔽焊缝时,必须先施焊,经检验合格后方可覆盖。当复杂部位不易施焊时,须按工序顺序分别组装和施焊,严禁不按顺序组装和强力组装。

(2) 组装前,连接表面及焊缝每边 30～50 mm 范围内的铁锈、毛刺、污垢、冰雪等必须清除干净。

(3) 布置组装胎具时,其定位必须考虑预放出焊接收缩量及加工余量。

(4) 为减少大件组装焊接的变形,一般应先进行小件组焊,经矫正后,再组装大部件。胎具及组装出的首个成品必须经过检验合格后方可大批进行组装。

(5) 板材、型材的拼接应在组装前进行,构件的组装应在部件组装、焊接、矫正后进行。

(6) 组装时要求磨光顶紧的部位,其顶紧接触面应有 75% 以上的面积紧贴。

(7) 组装好的构件应立即用油漆在明显部位编号,写明图号、构件号、件数等,以便查找。

3. 第三步:胎模制作

胎模制作应符合下列规定。

(1) 胎模必须根据施工图的构件按 1：1 实样制造,其各零件定位靠模加工精度与构件精度应符合或高于施工图上构件精度。

(2) 胎模必须是一个完整的、不变形的整体结构。

(3) 胎模应在离地 800 mm 左右架设或便于人们操作的最佳位置。

4. 第四步:H 型钢组装

H 型钢结构是由上、下翼缘板与中腹板组成的 H 型焊接结构。

(1) 组装前,应对翼缘板及腹板等零件进行复查,使其平直度及弯曲小于 1/1 000 的公差,且不大于 5 mm。

(2) 用砂轮打磨除去翼、腹板装配区域内的氧化层,其范围应在装配接缝两侧 30～50 mm 内。

(3) 根据 H 断面尺寸调整 H 胎模,使其纵向腹板定位于工字钢水平高差,并符合施工图尺寸要求。

（4）H 型钢一般在胎具上平装，即将腹板平放在装配胎上，再将两块翼缘板立方于两侧，三块钢板对齐一端，用弯尺找正垂直角，用"Ⅱ"形夹具配以楔形铁块自工作的一端向另一端逐步将翼缘板和腹板之间间隙夹紧，并在对准装配线后进行定位焊。

（5）为防止焊接和吊运时变形，装配完后，再在腹板和翼缘板之间点焊上数个临时斜支撑杆拉住翼缘板，使其保持垂直，对不允许点焊的工件应采用专用的夹具固定。点焊焊材材质应与主焊缝材质相同，长度 50 mm 左右，间距 300 mm，焊缝高度不得大于 6 mm，且不超过设计高度的 2/3。

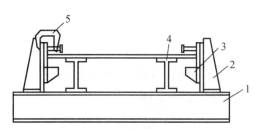

1—工字钢横梁平台；2—侧向翼板定位靠板；
3—翼缘板搁置牛腿；4—纵向腹板定位工字梁；
5—翼缘板夹紧工具

图 10-1　H 型钢结构组装水平胎模

（6）图 10-1 是 H 型钢结构组装水平胎模。H 型钢结构组装水平胎模可适用大批量 H 型结构的组装，装配质量较高、速度快，但占用的场地较大。组装时，可先把各零部件分别放置在其适当的工作位置上，然后用夹具夹紧一块翼缘板作为定位基准面，利用翼缘板与腹板本身的重力，从另一个方向施加一个水平推力，也可以用铁楔或千斤顶等工具横向施加一个水平推力，直至翼缘板和腹板三板紧密接触后，然后用电焊定位，这样，H 型钢结构即告组装完成。

10.4　成绩评定

实训成绩评定表如表 10-2 所示。

表 10-2　　　　　　　　　　　　　实训成绩评定表

任务目标				
考核内容			评定等级	
类	项	分值	学生自评	教师评价
实训掌握	工作了解	20		
	操作过程	40		
实训成果	成品评价	40		
权重			0.3	0.7
成绩评定				

10.5 思考题

（1）常用的组装方法有哪些？

（2）为什么先小件组焊，经矫正后再大件组装？

（3）组装的操作要点有哪些？

（4）在 H 型钢组装台运行时应注意什么？

（5）布置装配胎膜时为什么要考虑预放焊接收缩余量？

10.6 教学建议

建议教师可根据附录 B 中的施工图纸，提供给学生必要的设计施工图和施工详图，布置学生完成 H 型钢梁的组装工作。注意提醒学生要在保证安全的前提下学习使用组装机械，避免事故的发生。

任务 11　焊　　接

钢结构的连接方法可分为焊接连接、螺栓连接和铆钉连接三种。焊接连接是现代钢结构最主要的连接方法。

1. 焊接连接的优点

(1) 焊件间可直接相连,构造简单,制作加工方便。

(2) 不削弱截面,用料经济。

(3) 连接的密闭性好,结构刚度大。

(4) 可实现自动化操作,提高焊接结构的质量。

2. 焊接连接的缺点

(1) 在焊缝附近的热影响区内,钢材的材质变脆。

(2) 焊接残余应力和变形使受压构件承载力降低。

(3) 焊接结构对裂纹很敏感,低温时冷脆的问题较为突出。

钢结构的焊接方法一般有电弧焊、电渣焊、气体保护焊、电阻焊和气焊等。

11.1　教学目标

本项实训的目标是了解钢结构的焊接过程,理解钢结构的焊接技术,初步掌握 H 型钢焊接的基本方法。

11.2　实训准备

H 型钢焊接采用二氧化碳气体保护焊打底,埋弧自动焊填充、盖面,船形焊施焊的方法。H 型钢拼装定位焊所采用的焊接材料需与正式焊缝的要求相同。H 型杆件拼装好后吊入龙门式埋弧自动焊机上进行焊接,焊接时按规定的焊接顺序及焊接规范参数进行施焊。对于钢板较厚的杆件焊前要求预热,采用陶瓷电加热器进行,预热温度按对应的要求确定。

11.3　实训操作

1. 第一步:焊前准备

（1）焊接前必须保证焊接设备处于良好的技术状态。为防止焊缝缺陷产生,焊接应在组装质量检查合格后进行。在每个焊口施焊前,对坡口及周边的范围内进行清理。清除水份、脏物、铁锈、油漆、油污等杂物。施焊前确认可施焊条件,检查坡口尺寸、角度、钝边、间隙等是否符合设计要求并作好记录,作为超声波检查的依据。正式施焊前,对钢板焊缝区（100 mm）进行预热,以减少钢材收缩应力。焊条、焊剂应进行烘干。

（2）根据焊接条件、坡口形式、施焊位置、板材厚度选择合理的焊接电流及焊条,焊接时,严禁在焊缝区域外母材上打火引弧。重要结构在施焊前,应进行模拟实物的确认性试验。确定工艺参数等,经无损探伤合格后,作抗拉、抗弯、冲击试验。全部合格后,方可准予施焊。

（3）焊接的起弧和收弧部位易产生未焊透等缺陷,所以,焊缝端头、转角及应力集中部位,不能作为焊缝的起点和收尾点。应增加引弧板,引弧板应与母材材质相同,焊接坡口形式相同,长度应符合标准的规定。焊接时应制定合理的焊接顺序,采用可靠的防止和减少焊接应力变形措施。

（4）具体焊接时应根据实际焊缝高度,确定填充焊的遍数,构件要勤翻身,防止构件产生扭曲变形。如果构件长度大于 4 m,可采用分段施焊的方法。

（5）对于需要进行焊接前预热或焊后热处理的焊缝,其预热温度或后热温度应符合国家现有标准的规定或通过工艺试验确定。预热区在焊道两侧,每侧宽度均应大于焊件厚度的 1.5 倍以上,且不应小于 100 mm;后热处理应在焊后立即进行,保温时间应根据板厚按每25 mm 板厚 0.5h 确定。

2. 第二步:H 型钢焊接工序

（1）H 型钢组装前焊工应复查组装质量和焊缝区的处理情况,检查各件尺寸、形状及收缩加放情况,如不符合要求,应修整合格后方可施焊。合格后用砂轮清理焊缝区域,清理范围为焊缝宽的 4 倍。

（2）施焊前焊接时应采用合理的施焊顺序（对角施焊法）和适用的焊丝、焊剂、焊接电流、电压以减少焊接变形和焊接应力。焊接顺序:打底焊一道,填充焊一道,翻身,碳弧气刨清根,反面打底填充,盖面,翻身,正面填充,盖面焊。

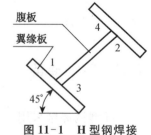

图 11-1　H 型钢焊接位置与顺序

（3）在翼板上画出腹板位置线后,按线组装,要求组装精度为腹板中心线偏移小于 2 mm,翼缘板与腹板不垂直度小于 3 mm,定位点焊。

（4）H 型钢组装合格后,用门型自动埋弧焊机采取对称焊接 H 型钢,焊前要将构件垫平,防止热变型,按焊接工艺规范施焊(焊丝直径为 4~5 mm)。

(5) H 型钢变形矫正:焊完后 H 型钢在矫正机上矫正,保证翼缘板与腹板垂直度不小于 3 mm,腹板平度不小于 2 mm,检测要用直角尺与塞尺。

(6) 组装 H 型钢与节点板、连接板:节点板、连接板的组装要保证基准线与梁中心对齐,其误差小于 0.5 mm。梁柱焊缝采用二氧化碳气体保护焊,焊丝直径 1.2 mm,焊后用氧乙炔火焰矫正(如扭曲、侧弯等)焊接变形,然后检验记录单要求检验各项指标,直至符合标准为止。

(7) 焊接完毕后,应清除熔渣等,并在焊缝附近打上钢印。

3. 第三步:焊接检验

钢结构的焊接检验应包括检查和验收两项内容,因而焊接检验不能仅仅局限于焊接完毕后,应贯穿在焊接作业的全过程中,如表 11-1 所示。

表 11-1   **钢结构焊接质量的检验**

检验阶段		检 验 内 容
焊接施工前		接头的组装、坡口的加工、焊接区域的清理、定位焊质量、引、熄弧板安装,衬板贴紧情况
焊接施工中		焊接材料烘焙,焊接材料牌号、规格、焊接位置
焊接完毕	外观检查	焊接表面形状、焊缝尺寸、咬边、表面气孔、表面裂纹、表面凹凸坑,引熄弧部位的处理,未溶合、钢印等
	内部检查	气孔、未焊透、夹渣、裂纹等

11.4   成绩评定

实训成绩评定表如表 11-2 所示。

表 11-2   **实训成绩评定表**

任务目标				
考核内容		分值	评定等级	
类	项		学生自评	教师评价
实训掌握	工作了解	20		
	操作过程	40		
实训成果	成品评价	40		
权重			0.3	0.7
成绩评定				

11.5　思考题

（1）焊接的优缺点有哪些？

（2）钢结构中常用的焊接方法有哪些？

（3）H 型钢焊接的顺序是怎样的？

（4）在整个焊接过程中何时需要对构件进行矫正？

（5）为什么在焊接的开始和结束都需要对构件进行清理？

11.6　教学建议

建议教师可根据附录 B 中的施工图纸，提供给学生必要的设计施工图和施工详图，布置学生完成 H 型钢梁的焊接工作。注意提醒学生要在保证安全的情况下学习使用焊接机具，避免事故的发生。

任务 12　矫　　正

在钢结构制作过程中,会发生原材料变形、切割变形、焊接变形、运输变形等经常影响结构的制作及安装,矫正就是通过一定的方法造成新的变形去抵消已经发生的变形。材料的矫正分为机械矫正、加热矫正、加热与机械联合矫正等。

型钢的机械矫正一般在矫正机上进行,使用时应根据矫正机的技术性能和实际情况进行选择。加热矫正是在构件局部用火焰加热,利用金属热胀冷缩的物理性能,冷却时产生很大的冷缩应力来矫正变形。型钢在矫正前必须确定弯曲点的位置,这是矫正工作不可缺少的步骤,目测法是现在常用的找弯方法。

12.1　教学目标

本项实训的目标是通过了解 H 型钢构件的矫正方法和工艺设备,理解钢结构矫正的基本原理,掌握 H 型钢矫正的基本技能。

12.2　实训准备

矫正机矫正工艺:经过焊接,H 型钢的翼缘板必然产生菌状变形,而且翼缘板与腹板的垂直度也有偏差,H 型钢矫正机可以解决这两个问题。导辊布置在 H 型钢剖面的前后,以校正垂直。从矫正机的校平原理看出,可以是两侧下压,也可以是主动托辊下压,而两侧压辊只做左右调整。

12.3　实训操作

1. 第一步:掌握矫正的操作要点

(1) BH 梁(焊接 H 型钢梁)焊接后容易产生挠曲变形、翼缘板与腹板不垂直,薄板焊接还会产生波浪形等焊接变形,因此一般采用机械矫正及火焰加热矫正的方法矫正。

(2) 机械矫正。矫正前,应清扫构件上的一切杂物,并将与压辊接触的焊缝焊点修磨平整。

(3) 使用机械矫正(翼缘矫正机)注意事项:构件的规格应在矫正机的矫正范围之内,当翼缘板厚度超过 30 mm 时,一般要求往返几次进行矫正(每次矫正量 1~2 mm)。机械矫正时,还可以采用压力机根据构件实际变形情况直接矫正。

(4)火焰矫正应根据构件的变形情况,确定加热的位置及加热顺序;加热温度最好控制在 600~650 ℃。

2. 第二步:原材料矫正

钢材在轧制、运输、装卸、堆放过程中,产生的表面不平、弯曲、扭曲等变形超过技术规定的范围时,必须在划线下料前进行矫正,多采用机械矫正,矫正机械多是滚板机。钢材校正后允许偏差如表 12-1 所示。

表 12-1   钢材校正后的允许偏差

项目		允许偏差/mm
钢板的局部平面度	$t \leq 14$	1.5
	$t > 14$	1.0
型钢弯曲矢高		1/1 000 且不应大于 5.0
槽钢翼缘对腹板的垂直度		$b/80$
H 型钢翼缘对腹板的垂直度		$b/100$ 且不大于 2.0

3. 第三步:H 型钢构件矫正

H 型杆件组装焊接完后进行矫正,矫正分机械矫正和火焰矫正两种形式,H 型杆件的焊接角变形采用 H 型钢矫正机进行机械矫正;弯曲、扭曲变形采用火焰矫正,矫正温度控制在 650 ℃ 以下。H 型钢矫正,应控制 H 型钢的腹板和翼板的垂直度、直线度、挠曲和扭曲等;矫正后的钢材表面不应有明显的凹陷或损伤,划痕深度不得大于 0.5 mm。

12.4 成绩评定

实训成绩评定表如表 12-2 所示。

表 12-2   实训成绩评定表

任务目标				
考核内容		分值	评定等级	
类	项		学生自评	教师评价
实训掌握	工作了解	20		
	操作过程	40		
实训成果	成品评价	40		
权重			0.3	0.7
成绩评定				

12.5　思考题

(1) 什么情况下不宜采用火焰矫正(热矫正)?

(2) 什么情况下适宜采用火焰矫正(热矫正)?

(3) 使用机械矫正时应注意什么?

(4) 为什么扭曲变形需要火焰加热和机械加压同时进行矫正?

12.6　教学建议

建议教师可根据附录 B 中的施工图纸,提供给学生必要的设计施工图和施工详图,布置学生完成 H 型钢梁的矫正工作。注意提醒学生要在保证安全的前提下学习使用矫正机械,避免事故的发生。

单元 3

现场安装

任务 13　钢结构安装准备

　　钢结构工程在安装前要进行以下准备工作：文件资料及技术准备、构件及材料准备、施工机具及设备准备、施工作业条件准备等。其中，文件资料及技术准备包括进行设计交底和图纸会审、编制施工组织设计、组织必要的工艺试验等内容；构件及材料准备包括现场安装的材料准备、钢构件预检、钢构件配套供应等内容；施工机具及设备准备包括起重机具的选择、测量器具的检定及检验等内容。

13.1　教学目标

　　本项实训的目标是了解多层钢框架结构安装前的准备工作，根据本项目内容，通过本节实训主要学习编制施工组织设计，完成构件及材料准备、施工机具及设备准备等工作。

13.2　实训操作

　　第一步：编制并审核施工组织设计。多、高层钢结构安装单位在施工前应根据施工图编制安装工程施工组织设计。本工程的施工组织设计应包括：施工中依据的标准和规范、材料情况、场地布置、工艺流程、详细的焊接工艺要求、坡口标准、探伤标准以及制作与安装的偏差等。

　　第二步：准备现场安装的材料。根据施工图，测算各主耗材料（如焊条、焊丝等）的数量，作好订货安排，确定进场时间；确认各施工工序所需临时支撑、钢结构拼装平台、脚手架支撑、安全防护、环境保护器材数量后，安排进场制作及搭设；最重要的是，根据现场施工安排，编制钢构件进场计划，安排制作、运输计划，对超重、超长、超宽的构件，还应规定好吊耳的设置，并标注出重心位置。准备构件，清点构件的型号、数量，并按设计和规范要求对构件质量进行全面检查，包括构件强度与完整性外形和几何尺寸，平整度；埋设件、预留孔位置、尺寸和数量；以及接头钢筋吊环、埋设件的稳固程度和构件的轴线等是否准确，如有超出设计和规范规定的偏差，应在吊装前纠正。

第三步：起重设备的选择与吊装。钢结构安装前，应先选择起重机，在多、高层钢结构安装施工中，其主要吊装机械一般都是选用自升式塔吊，自升式塔吊分内爬式和外附着式两种。一般要求塔式起重机的臂杆长度具有足够的覆盖面；要有足够的起重能力，满足不同部位构件起吊要求；钢丝绳容量要满足起吊高度要求；起吊速度要有足够档次，满足安装需要；多机作业时，臂杆要有足够的高差，能够不碰撞的安全运转。起重机数量的选择应根据现场施工条件、建筑布局、单机吊装覆盖面积和吊装能力综合决定，布置1台、2台或多台。在满足起重性能情况下，尽量做到就地取材，多台塔吊共同使用时防止出现吊装死角。

进行吊装技术准备，计算并掌握吊装构件的数量、单体重量和安装就位高度以及连接板、螺栓等吊装铁件数量，熟悉构件间的连接方法；编制吊装工程施工组织设计或作业设计，内容包括工程概况，选择吊装机械设备，确定吊装程序、方法、进度，构件制作，堆放平面布置，构件运输方法，劳动组织，构件和物资机具供应计划，质量保证及安全技术措施等。

13.3　成绩评定

实训成绩评定表如表 13-1 所示。

表 13-1　　　　　　　　　　　　实训成绩评定表

任务目标				
考核内容		分值	评定等级	
类	项		学生自评	教师评价
实训掌握	工作了解	20		
	操作过程	40		
实训成果	安装结果	40		
权重			0.3	0.7
成绩评定				

13.4　思考题

(1) 编制的施工组织设计应包括哪些内容?

(2) 钢结构工程在安装前要进行哪些准备工作?

(3) 起重设备的选择原则是什么?

(4) 吊装技术准备包括哪些内容?

13.5　教学建议

本单元实训内容主要是学习多层钢框架结构的现场安装。建议教师采用项目教学法,为了进行项目教学,先要开发一个教学项目。可将建设一个多层钢框架结构作为本实训教学的教学项目。按照项目教学的要求和基本框架,将整个项目教学大致划分为几个阶段,并可将整个项目分成几个小项目分别完成。

建议教师可根据附录 B 中的施工图纸,提供给学生必要的资料,布置学生完成施工组织设计的编制,并给出适当指导。

任务 14 基础施工

钢结构安装工程中,基础的施工包括基础标高的调整、垫放垫铁、基础灌浆及地脚螺栓埋设等内容。钢结构在安装前应根据设计施工图及验评标准,对基础施工(或处理)的表面质量进行全面检查。基础的支承面、支座、地脚螺栓(或预埋递交螺栓孔)的位置和标高等应符合设计或现行规范的规定。

14.1 教学目标

认真完成本项目多层钢框架结构的测量放线工作,并正确识读附录 B 中的施工图,学习完成基础标高的调整、垫铁垫放、基础灌浆及地脚螺栓埋设的基本步骤及要求,能根据现场实际情况编制相应的施工方案,掌握基础施工的质量检验标准及检验流程。

14.2 实训操作

1. 第一步:基础标高的调整

基础施工时,应按设计施工图规定的标高尺寸进行施工,以保证基础标高的准确性。

首先,根据本实训项目实际情况确定基础的标高。安装单位对基础上表面的标高尺寸,应结合各成品钢柱的实有长度或牛腿承面的标高尺寸进行处理,使安装后各钢柱的标高尺寸达到一致。这样可避免因只顾基础上表面的标高,忽略了钢柱本身的偏差,导致各钢柱安装后的总标高或相对标高不统一。在确定基础标高时,应按以下方法处理:

(1)确定各钢柱与所在各基础的位置,进行对应配套编号。

(2)根据各钢柱的实有长度尺寸确定对应的基础标高尺寸。

(3)当基础标高的尺寸与钢柱实际总长度或牛腿承点的尺寸不符时,应采用降低或增高基础上平面的标高尺寸的办法来调整确定安装标高的准确尺寸。

然后,再调整基础的标高。钢柱基础标高的调整应根据安装构件及基础标高等条件来进行,常用的处理方法有如下几种:

（1）成品钢柱的总长、垂直度、水平度，完全符合设计规定的质量要求时可将基础的支承面一次浇筑到设计标高，安装时不作任何调整处理即可直接就位安装。

（2）基础混凝土浇筑到较设计标高低 40～60 mm 的位置，然后用细石混凝土找平至设计安装标高。找平层应保证细石面层与基础混凝土严密结合，不许有夹层；如原混凝土面光滑，应用钢凿凿成麻面，并经清理，再进行浇筑，使新旧混凝土紧密结合，从而达到基础的强度。

（3）按设计标高安置好柱脚底座钢板，并在钢板下面浇筑水泥砂浆。

（4）先将基础浇筑到较设计标高低 40～60 mm，在钢柱安装到钢板上后，再浇筑细石混凝土。

（5）预先按设计标高埋置好柱脚支座配件（型钢梁、预制钢筋混凝土梁、钢轨及其他），在钢柱安装后，再浇筑水泥砂浆。

2. 第二步：垫铁的垫放

按照下列步骤及要求垫放垫铁：

（1）为了使垫铁组平稳地传力给基础，应使垫铁面与基础面紧密贴合。因此，在垫放垫铁前，对不平的基础上表面，需用工具凿平。

（2）垫放垫铁的位置及分布应正确，具体垫法应根据钢柱底座板受力面积的大小，垫在钢柱中心及两侧受力集中部位或靠近地脚螺栓的两侧。垫铁垫放的主要要求是在不影响灌浆的前提下，相邻两垫铁组之间的距离越近越好，这样能使底座板、垫铁和基础起到全面承受压力荷载的作用，共同均匀地受力，避免局部偏压、受力集中或底板在地脚螺栓紧固受力时发生变形。

（3）直接承受荷载的垫铁面积应符合受力需要，否则面积太小，易使基础局部集中过载，影响基础全面均匀受力。因此，钢柱安装用垫铁调整标高或水平度时，首先应确定垫铁的面积。在选用确定垫铁的几何尺寸及受力面积时，可根据安装构件的底座面积大小、标高、水平度和承受荷载等实际情况确定。

（4）垫铁厚度应根据基础上表面标高来确定，一般基础上表毛面的标高多数低于安装基准标高 40～60 mm。安装时依据这个标高尺寸用垫铁来调整确定极限标高和水平度。因此，安装时应根据实际标高尺寸确定垫铁组的高度，再选择每组垫铁厚、薄的配合；规范规定，每组垫铁的块数不应超过 3 块。

（5）垫放垫铁时，应将厚垫铁垫在下面，薄垫铁放在上面，最薄的垫铁宜垫放在中间；但尽量少用或不用薄垫铁，否则影响受力时的稳定性和焊接质量。安装钢柱调整水平度，在确定平垫铁的厚度时，还应同时锻造加工一些斜垫铁，其斜度一般为 1/20～1/10；垫放时应防止产生偏心悬空，斜垫铁应成对使用。

（6）垫铁在垫放前，应将其表面的铁锈、油污和加工的毛刺清理干净，以备灌浆时能与混凝土牢固的结合；垫后的垫铁组露出底座板边缘外侧的长度为 10～20 mm，并在层间两侧用电焊点焊牢固。

（7）基础灌浆前，应认真检查垫铁组与底座板接触的牢固性，常用 0.25 kg 的小锤轻击，用听声的办法来判断，接触牢固的声音是实音，接触不牢固的声音是碎哑音。

3. 第三步：基础的灌浆

按照下列步骤及要求给基础灌浆：

（1）为达到基础二次灌浆的强度，在用垫铁调整或处理标高、垂直度时，应保持基础支承面与钢柱底座板下表面之间的距离不小于 40 mm，以利于灌浆，并全部填满空隙。

（2）灌浆所用的水泥砂浆应采用高强度等级水泥或比原基础混凝土强度等级高一级。

（3）冬期施工时，基础二次灌浆配制的砂浆应掺入防冻剂、早强剂，防止冻害或强度上升过缓的缺陷。

（4）为保证基础二次灌浆达到强度要求，避免发生一系列的质量通病，应按以下工艺进行施工：①基础支承部位的混凝土面层上的杂物需认真清理干净，并在灌浆前用清水湿润后再进行灌浆。②灌浆前对基础上表面的四周应支设临时模板；基础灌浆时应连续进行，防止应砂浆凝固而不能紧密结合。③灌浆空隙较小的基础，可在柱底脚板上面各开一个适宜的大孔和小孔，大孔作灌浆用，小孔作为排除空气和浆液用，在灌浆的同时可用加压法将砂浆填满空隙，并认真捣固，以达到强度。基础灌浆工作完成后，应将支承面四周边缘用工具抹成 45°散水坡，并认真湿润养护。

（5）如果钢柱的制作质量完全符合设计要求时，采用坐浆法将基础支承面一次达到设计安装标高的尺寸；养护强度达到 75% 及以上即可就位安装，可省略二次灌浆的系列工序，并节约垫铁等材料和消除灌浆存在的质量通病。

（6）坐浆或灌浆后要进行强度试验，用坐浆或灌浆法处理后的安装基础的强度必须符合设计要求；基础的强度必须达到 7 天的养护强度标准，其强度应达到 75% 及其以上时，方可安装钢结构。

4. 第四步：地脚螺栓的设置

首先，对地脚螺栓进行定位，基础施工在确定地脚螺栓或预留孔的位置时，应认真按施工图规定的轴线位置尺寸来放出基准线，同时在纵、横轴线（基准线）的两对应端，分别选择适宜位置埋置铁板或型钢，标定出永久坐标点，以备在安装过程中随时测量参照使用。浇筑混凝土前，应按规定的基准位置支设、固定基础模板及其表面配件。浇筑混凝土时，应经常观察及测量模板的固定支架、预埋件和预留孔的情况，当发现有变形、位移时应立即停止浇筑，要进行调整，排除问题。

接着，对预埋孔进行处理，对于预留孔的地脚螺栓，在埋设前，应将孔内杂物清理干净。一般做法是用长度较长的钢凿将孔底及孔壁结合薄弱的混凝土颗粒和贴附的杂物全部清除，然后用压缩空气吹净，浇筑前用清水充分湿润，再进行浇筑。

然后，对地脚螺栓进行清洁，不论是一次埋设或是事先预留孔的二次埋设地脚螺栓，埋设前,一定要将埋入混凝土中的一段螺杆表面的铁锈、油污清理干净。若清理不净,会使浇筑后的混凝土与螺栓表面结合不牢,易出现缝隙或隔层,不能起到锚固底座的作用。清理铁锈的一般做法是用钢丝刷或砂纸去锈;油污通常用火焰烧烤去除。

其次,便是埋设地脚螺栓,目前钢结构工程柱基地脚螺栓的预埋方法有直埋法和套管法两种。直埋法就是用套板控制地脚螺栓相互之间的距离,立固定支架控制地脚螺栓群不变形,在柱基底板绑扎钢筋时埋入,控制位置,同钢筋连成一体,整体浇筑混凝土,一次固定。为防止浇筑时地脚螺栓的垂直度及距孔内侧壁、底部的尺寸变化,浇灌前应将地脚螺栓找正后加固固定。套管法就是先安装套管(内径比地脚螺栓大 2～3 倍),在套管外制作套版,焊接套管并立固定架,将其埋入浇筑的混凝土中,待柱基底板上的定位轴线和柱中心线检查无误后,在套管内插入螺栓,使其对准中心线,通过附件或焊接加以固定,最后在套管内注浆锚固螺栓。地脚螺栓在预留孔内埋设时,其根部底面与孔底的距离不得小于80 mm;地角螺栓的中心应在预留孔中心位置,螺栓的外表与预留孔壁的距离不得小于20 mm。直埋法对结构的整体性较好,故绝大多数工程设计都要求采用直埋法施工。

最后,按照下列方法对地脚螺栓进行纠偏:

(1)经检查测量,如埋设的地脚螺栓有个别的垂直度偏差很小时,应在混凝土养护强度达到 75% 及以上时进行调整。调整时可用氧—乙炔焰将不直的螺栓在螺杆处加热后采用木质材料垫护,用锤敲移、扶直到正确的垂直位置。

(2)对位移或不直度超差过大的地脚螺栓,可在其周围用钢凿将混凝土凿到适宜深度后,用气割割断,按规定的长度、直径尺寸及相同材质材料,加工后采用搭接焊上一段,并采取补强的措施,来调整达到规定的位置和垂直度。

(3)对位移偏差过大的个别地脚螺栓除采用搭接焊法处理外,在允许的条件下,还可采用扩大底座板孔径侧壁的方法来调整位移的偏差量,调整后并用自制的厚板垫圈覆盖,进行焊接补强固定。

(4)预留地脚螺栓孔在灌浆埋设前,当螺栓在预留孔内的位置偏差超差过大时,可通过扩大预留孔壁的措施来调整地脚螺栓的准确位置。

14.3 成绩评定

实训成绩评定表如表 14-1 所示。

表 14-1   实训成绩评定表

任务目标				
考核内容		分值	评定等级	
类	项		学生自评	教师评价
实训掌握	工作了解	20		
	操作过程	40		
实训成果	安装结果	40		
权重			0.3	0.7
成绩评定				

14.4 思考题

(1) 基础标高的调整常用的处理方法有哪些?

(2) 垫铁的厚度如何确定?

(3) 简述基础灌浆的过程及要求?

(4) 地脚螺栓的预埋方法有哪些?

(5) 地脚螺栓如何纠偏?

14.5 教学建议

建议教师根据附录 B 中的施工图纸,提供给学生必要的结构施工及安装图纸,将学生分成若干个小组,分别学习完成该项目工程不同部位的基础施工工作,并给出适当指导,最后还可以一起评估哪组学生的基础做得最好。

任务 15　钢柱安装

在多、高层钢结构建筑工程中,钢柱多采用实腹式,实腹钢柱的截面有工字形、箱形、十字形和圆形等多种形式。钢柱接长时,多采用对接接长,也有用高强度螺栓连接接长的。钢柱的安装顺序是:柱基检查→放线→确定吊装机械→设置吊点→吊装钢柱→校正钢柱→固定钢柱→验收。

15.1　教学目标

本实训项目采用工字形钢柱,正确识读附录 B 中的施工图,把钢柱按照图纸所示安装到相应的位置。能根据现场实际情况编制相应的施工方案;熟练掌握钢柱的安装流程及方法;掌握钢柱施工质量验收的内容、标准及检验流程。

15.2　实训操作

1. 第一步:柱基检查

按照以下步骤和要求进行现场柱基检查:

(1)安装在钢架混凝土基础上的钢柱,安装质量和工效与混凝土柱基和地脚螺栓的定位轴线、基础标高直接有关,必须会同设计、监理、施工、业主共同验收,合格后才可以进行钢柱连接。

(2)采用螺栓连接钢结构和钢筋混凝土基础时,预埋螺栓应符合施工方案的规定:预埋螺栓标高偏差应在±5 mm 以内,定位轴线的偏差应在±2 mm 以内。

(3)应认真搞好基础支承平面的标高,其垫放的垫铁应正确;二次灌浆工作应采用无收缩、微膨胀的水泥砂浆。避免因基础标高超差,影响起重机梁的安装水平度。

2. 第二步:放线

钢柱安装前应设置标高观测点和中心线标识,同一工程的观测点和标识设置的位置应一致,并应符合下列规定:

(1)标高观测点的设置以牛腿(肩梁)支承面为基准,设在柱的便于观测处;无牛腿(肩梁)柱,应以柱顶端与屋面梁连接的最上一个安装孔中心为基准。

（2）在柱底板上表面上行线方向设一个中心标识,列线方向两侧各设一个中心标识;在柱身表面上行线和列线方向各设一个中心线,每条中心线在柱底部、中部(牛腿或肩梁部)和顶部各设一处中心标识;双牛腿(肩梁)柱在行线方向两个柱身表面分别设中心标识。

3. 第三步:确定吊装机械

根据现场实际情况选择吊装机械,目前,安装所用的吊装机械大部分采用履带式起重机、轮胎式起重机及轨道式起重机吊装柱子。如果场地狭窄,不能采用上述机械吊装时,可采用扒杆或架设走线滑车进行吊装。

4. 第四步:设置吊点

钢柱安装属于竖向垂直吊装,为使起吊的钢柱保持下垂,便于就位,需根据钢柱的种类和高度确定绑扎点。吊点的设置应符合下列要求:

（1）钢柱吊点一般采用焊接吊耳、吊索绑扎、专用吊具等。钢柱的吊点位置及吊点数应根据钢柱形状、断面、长度、起重机性能等的具体情况确定。

（2）为了保证吊装时索具安全,吊装钢柱时,应设置吊耳。吊耳应基本通过钢柱重心的铅垂线。

（3）钢柱一般采用一点正吊。吊点应设置在柱顶处,吊钩通过钢柱重心线,钢柱易于起吊、对线、校正。当受到起重机臂杆长度、场地等条件限制时,吊点可放在柱长的 1/3 处斜吊。

（4）由于钢柱倾斜,起吊、对线、校正较难控制,具有牛腿的钢柱,绑扎点应靠近牛腿下部;无牛腿的钢柱按其高度比例,绑扎点设在钢柱全长 2/3 的上方位置处。

5. 第五步:吊装钢柱

钢柱吊装前应将待安装钢柱按位置、方向放到吊装(起重机半径)位置,并按照下列步骤和要求对钢柱进行吊装:

（1）钢柱起吊前,应从柱底板向上 500～1 000 mm 处画一水平线,以便安装固定的前后作复查平面标高基准用。

（2）钢柱吊装施工中为了防止钢柱根部在起吊过程中变形,钢柱的吊装一般采用双机抬吊。主机吊在钢柱上部,辅机吊在钢柱根部,待柱子根部离地一定距离(2 m 左右)后,辅机停止起钩,主机继续起钩和回转,直至把柱子吊直后,将辅机松钩。

（3）对重型钢柱可采用双机递送抬吊或三机抬吊、一机递送的方法吊装;对于很高和细长的钢柱,可采用分节吊装的方法,在下节柱及柱间支撑安装并校正后,再安装上节柱。

（4）钢柱柱脚固定方法一般有两种形式。一种是基础上预埋螺栓固定,底部设钢垫板找平,当钢柱吊至基础上部时插锚固螺栓固定,多用于一般厂房钢柱的固定;另一种是插入杯口灌浆固定,当钢柱插入杯口后,支承在钢垫板上找平最后固定方法同钢筋混凝土柱,用于大、中型厂房钢柱的固定。

（5）为防止钢柱边缘的锐利棱角在吊装时损伤吊绳，应用适宜规格的钢管割开一条缝，套在棱角吊绳处，或用方形木条垫护。注意绑扎牢固，并易于拆除。

（6）为避免吊起的钢柱自由摆动，应在柱底上部用麻绳绑好，作为牵制溜绳的调整方向。

（7）钢柱柱脚套入地脚螺栓，防止其损伤螺纹，应用薄钢板卷成筒并套到螺栓上，钢柱就位后，去掉套筒。

（8）吊装前的准备工作就绪后，首先应进行试吊。吊起一端高度为 100～200 mm 时应停吊，检查索具是否牢固和起重机的稳定板是否位于安装基础上。

（9）钢柱起吊后，当柱脚距地脚螺栓 30～40 cm 时扶正，使柱脚的安装螺栓孔对准螺栓或柱脚对准杯口，缓慢落钩、就位，经过初校，待垂直偏差在 20 cm 以内时，拧紧螺栓或打紧木楔临时固定，即可脱钩。

（10）吊装钢柱时还应注意起吊半径或旋转半径。钢柱底端应设置滑移设施，以防钢柱吊起扶直时因发生拖动阻力及压力作用，而促使柱体产生弯曲变形或损坏底座板。

（11）当钢柱被吊装到基础平面就位时，应将柱底座板上面的纵横轴线对准基础轴线（一般由地脚螺栓与螺孔来控制），以防止其跨度尺寸产生偏差，导致柱头与屋架安装连接时发生水平方向向内的拉力或向外的撑力作用而使柱身弯曲变形。

6. 第六步：校正钢柱

钢柱的校正工作一般包括平面位置、标高及垂直度这三个内容。而其最主要的工作是校正垂直度和复查标高。

钢柱垂直校正常用测量方法如表 15-1 所示。

表 15-1 钢柱垂直校正常用测量方法

项 目	内 容
经纬仪测量	校正钢柱垂直度需用两台经纬仪观测。首先，将经纬仪放在钢柱一侧，使纵中丝对准柱底座的基线，然后固定水平度盘的各旋钮。测钢柱的中心线，由下而上观测，若纵中心线对准，即是柱子垂直；不对准则需调整柱子，直到对准经纬仪纵中丝为止。以同样的方法测横线，使柱子另一面中心线垂直于基线横轴。钢柱准确定位后，即可对柱子进行临时固定工作
线坠测量	用线坠测量垂直度时，因柱子较高，应采用 1～2 kg 重的线坠。其测量方法是在柱的适宜高度位置，把型钢一端事先焊在柱子侧面上（也可用磁力吸盘），将线坠上线头拴好，量得柱子侧面和线坠吊线之间的距离，如上下一致则说明柱子垂直，相反则说明有误差。测量时，须设法稳住线坠，其做法是将线坠放入空水桶或盛水的水桶内，注意坠尖与桶底间保持悬空距离

柱子校正除了采用上述测量方法外，还可用增加或减换钢垫板来调整柱子垂直度以及求取倾斜值的计算方法进行校正。

钢柱吊装柱脚穿入基础螺栓就位后，柱子校正工作主要是对标高进行调整和对垂直度

进行校正。钢柱垂直度的校正,可采用起吊初校加千斤顶复校的方法,其操作要点如下:

(1) 对钢柱垂直度的矫正,可在吊装柱到位后,利用起重机起重臂回转进行初校。一般钢柱垂直度控制在 20 mm 之内,拧紧柱底地脚螺栓,起重机方可松钩。

(2) 千斤顶校正时,在校正过程中须不断观察柱底和砂浆标高控制块之间是否有间隙,以防校正过程中顶升过度造成水平标高产生误差。待垂直度校正完毕,再度紧固地脚螺栓,并塞紧柱子底部四周的承重校正块(每摞不得多于 3 块),并用定位焊固定。

(3) 为了防止钢柱在垂直度校正过程中产生轴线位移,应在位移校正后在柱子底角四周用 4~6 块 10 mm 厚钢板做定位靠模,并与基础面埋件焊接固定,防止移动。

7. 第七步:固定钢柱

对于杯口基础钢柱的固定,主要包括临时固定和最后固定。

(1) 临时固定,柱子插入杯口就位,初步校正后,即用钢(或硬木)楔临时固定。方法是当柱插入杯口使柱身中心线对准杯口(或杯底)中心线后刹车,用撬杠拨正,在柱与杯口壁之间的四周空隙,每边塞入两个钢(或硬木)楔,再将柱子落到杯底并复查对线,接着将每两侧的楔子同时打紧,起重机即可松绳脱钩进行下一根柱吊装。

(2) 最后固定,应在柱子最后校正后立即进行。无垫板安装柱的固定方法是在柱与杯口的间隙内浇灌比柱混凝土强度等级高一级的细石混凝土。浇灌前,清理并湿润杯口,浇灌分两次进行,第一次灌至楔子底面,待混凝土强度等级达到 25% 后,将楔子拔出,再二次灌注到杯口并与杯口持平。有垫板安装柱(包括钢柱杯口插入式柱脚)的二次灌浆方法,通常采用赶浆法或压浆法。

15.3 成绩评定

实训成绩评定表如表 15-2 所示。

表 15-2   实训成绩评定表

任务目标				
考核内容		分值	评定等级	
类	项		学生自评	教师评价
实训掌握	工作了解	20		
	操作过程	40		
实训成果	安装结果	40		
权重			0.3	0.7
成绩评定				

15.4　思考题

（1）钢柱的安装顺序是怎样的？

（2）钢柱的截面可以有哪几种形式？

（3）钢柱的绑扎点该如何确定？

（4）钢柱垂直校正常用的测量方法有哪些？

（5）钢柱的固定方法是什么？

15.5　教学建议

建议教师根据附录 B 中的施工图纸，提供给学生必要的结构施工及安装图纸，按照已经分好的学生小组，分别学习完成该项目工程不同部位的钢柱安装工作，并给出适当指导，确保每位学生都能亲手操作钢柱的安装工作。注意学生要在安全的情况下学习使用起重机械，避免事故的发生。

任务 16　柱间支撑安装

柱间支撑是为保证建筑结构整体稳定、提高侧向刚度和传递纵向水平力而在相邻两柱之间设置的连系杆件。

16.1　教学目标

本节实训是在完成框架柱搭设的基础上根据框架立面布置图完成柱间支撑的安装和验收,为下一步梁的安装做准备。

了解柱间支撑的作用;熟悉支撑的构造要求;熟练掌握柱间支撑的安装流程;熟悉柱间支撑安装的安全技术要求;能够查阅施工手册,根据施工图纸,结合施工现场实际,制订合理的柱间支撑安装方案;能够进行工程施工,并且制订相应的安全措施;最后能够进行柱间支撑的质量检验。

16.2　实训操作

柱间支撑布置的步骤如下:

首先,根据两个工程立面图,了解柱间支撑布置的位置,以确保安装到了正确的位置。在看完立面图之后再看构件图,使构件与图例一一对应,然后再开始安装。图 16-1 为柱间支撑布置图。

其次,支撑与柱的连接。支撑与柱的连接一般采用焊接连接或高强度螺栓连接。焊接连接时要保证焊缝厚度不小于 6 mm,焊缝长度不小于 80 mm。为安装方便,还会在安装节点处的每一支撑杆件的端部设有两个安装螺栓,即在主梁以下柱的侧边先接上一块连接板,然后在板上焊接或螺栓连接支撑。

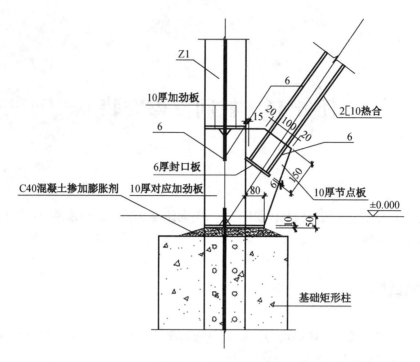

图 16-1　柱间支撑示意

16.3　成绩评定

实训成绩评定表如表 16-1 所示。

表 16-1　　　　　　　　　　　　实训成绩评定表

任务目标				
考核内容		分值	评定等级	
类	项		学生自评	教师评价
实训掌握	工作了解	20		
	操作过程	40		
实训成果	安装结果	40		
权重			0.3	0.7
成绩评定				

16.4　思考题

（1）柱间支撑的作用有哪些？

（2）柱间支撑有哪些形式？

（3）柱间支撑在钢结构中的布置要求有哪些？

（4）柱间支撑的构造要求有哪些？

16.5　教学建议

建议教师根据附录 B 中的施工图纸，提供给学生必要的结构施工及安装图纸，按照已经分好的学生小组，分别学习完成该项目工程不同部位的柱间支撑安装工作，并给出适当指导，确保每位学生都能亲手操作柱间支撑的安装工作。注意学生要在安全的情况下学习使用起重机械，避免事故的发生。

任务 17　钢梁安装

钢梁吊装一般利用专用扁担,采用两点起吊。为提高塔吊的利用率,可采用多梁一吊。若梁上没有吊耳,可以选择用钢丝绳直接捆扎。安装框架主梁时,要根据焊缝收缩量预留焊缝变形量。安装主梁时,对钢柱垂直度的监测,除需要监测安放主梁的钢柱的两端垂直度变化外,还要监测相邻与主梁连接的各根钢柱的垂直度变化情况,保证钢柱除预留焊缝收缩值外,各项偏差均符合设计要求和《钢结构工程施工质量验收规范》(GB 50205—2001)的有关规定。

17.1　教学目标

通过识读附录 B 中的施工图纸,按照图纸的设计把钢梁安装到钢柱间,并且在安装完成后对安装质量进行检查。熟悉钢梁安装的工具和安装方法,掌握钢梁安装工艺流程和操作要点,了解钢梁验收标准和方法。锻炼实际动手操作能力,能依据钢梁安装方案进行安装。

17.2　实训操作

1. 第一步:识读图纸

梁与柱的节点连接如图 17-1 所示。

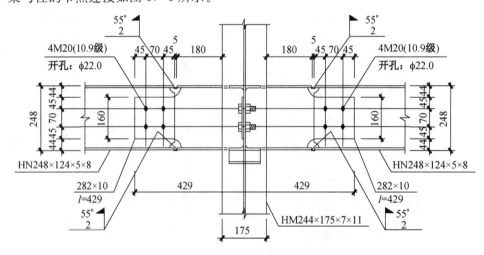

图 17-1　梁与柱的连接

2. 第二步:框架梁的安装

框架梁和柱的连接通常为上下翼板焊接、腹板螺栓连接,或者全焊接、全螺栓连接的连接方式。按照下列步骤和要求对钢梁进行安装:

(1)钢梁吊装宜采用专用吊具,两点绑扎吊装,吊升中必须设法使钢梁处于水平状态。一机同时起吊多根钢梁时绑扎要牢固、安全,便于逐一安装。

(2)一节柱一般有2~4层梁,原则上横向构件由上向下逐层安装,由于上部和周边都处于自由状态,易于安装和质量控制。另外,通常在钢结构安装操作中,同一列柱的钢梁从中间跨开始对称的向两端扩展安装。同一跨钢梁,先安装上层梁,再安装中下层梁。一节柱的一层梁安装完毕后,立即安装本层的楼梯及压型钢板等。

(3)在安装柱与柱之间的主梁时,必须跟踪测量、校正柱与柱之间的距离,并预留安装余量,特别是节点焊接收缩量,以达到控制变形、减小或消除附加应力的目的。

(4)次梁根据实际施工情况整层安装。

(5)同一根梁两端的水平度,允许偏差$(L/1\,000)+3$ mm;最大不超过 10 mm,如果钢梁水平度超标,主要原因是连接板位置或螺孔位置有误差,可采用换连接板或塞焊孔重新制孔处理。

3. 第三步:梁与柱的连接

按照下列步骤和要求对钢梁和钢柱进行连接:

(1)柱与柱接头和梁与柱接头的焊接,以互相协调为好,一般可以先焊接一节柱的顶层梁,再从下向上焊各层梁与柱的接头,柱与柱的接头可以先焊,也可以最后焊。

(2)柱与柱节点及梁与柱节点的连接,原则上对称施工、相互协调。框架梁与柱连接通常采用上下翼缘板焊接、腹板栓接;或者全焊接、全栓接的连接方式。对于焊接连接,一般先焊接一节柱的顶层梁,再从下向上焊接各层梁与柱的节点。柱与柱的节点可以先焊,也可以最后焊。混合连接一般采用先栓后焊的工艺,螺栓连接从中心轴开始,对称拧固。

(3)在第一节柱及柱间钢梁安装完成后,即可进行柱底灌浆。灌浆方法是先在柱脚四周立模板,将基础上表面清洗干净,清除积水,然后用高强度聚合砂浆从一侧自由灌入至密实,灌浆后用湿草袋或麻袋覆盖养护。

4. 第四步:钢梁的校正

(1)垂直度校正:安装钢梁时,钢柱垂直度一般会发生微量的变化,应采用两台经纬仪从互成 90° 两个方向对钢柱进行垂直度跟踪观测。在梁端高强度螺栓紧固之前、螺栓紧固过程中及所有主梁高强度螺栓紧固后,均应进行钢柱垂直度测量。当偏差较大时,应分析原因,及时纠偏。

(2)钢梁水平度校正:钢梁安装就位后,若水平度超标,主要原因是钢柱吊耳位置或螺孔位置有偏差,此时可针对不同情况,或割除耳板重焊或填平螺孔重新制孔。

17.3 成绩评定

实训成绩评定表如表 17-1 所示。

表 17-1 实训成绩评定表

任务目标				
考核内容		分值	评定等级	
类	项		学生自评	教师评价
实训掌握	工作了解	20		
	操作过程	40		
实训成果	安装结果	40		
权重			0.3	0.7
成绩评定				

17.4 思考题

（1）安装主梁时，为什么要对钢柱垂直度进行监测？

（2）钢梁和钢柱之间的连接方式有哪几种？

（3）框架梁的安装要点有哪些？

（4）梁、柱各节点的焊接顺序是怎样的？

（5）钢梁的校正包括哪些内容？

17.5 教学建议

建议教师根据附录 B 中的施工图纸，提供给学生必要的结构施工及安装图纸，按照已经分好的学生小组，分别学习完成该项目工程不同部位的钢梁安装工作，并给出适当指导，确保每位学生都能亲手操作钢梁的安装工作。注意学生要在安全的情况下学习使用起重机械，避免事故的发生。

单元 4

质量验收

任务 18　焊接工程质量验收

18.1　教学目标

通过了解《钢结构工程施工质量验收规范》的相关条目对项目工程进行实际验收模拟，了解整个验收过程与验收细节。熟悉验收条目，了解验收方法与验收要求。能够根据验收条目要求准备相关的验收器材。完成验收任务并记录，形成资料归档。

18.2　验收要求

本节实训的内容是进行钢结构制作和安装中的钢结构焊接和焊钉焊接的工程质量验收。焊脚尺寸的要求如图 18-1 所示。焊缝施焊后应在工艺规定的焊缝及部位打上焊工钢印。

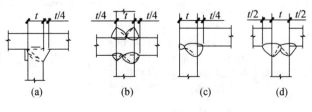

图 18-1　焊脚尺寸

在验收实训之前需要做好如下准备:学习如表 18-1 所示焊接工程质量验收条目;了解一、二级焊缝质量等级及缺陷分级(表 18-2);了解二级、三级焊缝外观质量标准允许偏差(表 18-3);了解对接焊缝及完全熔透组合焊缝尺寸允许偏差(表 18-4)。

表 18-1 焊接工程进行质量验收表

项目	项次	项目内容	规范编号	验收要求	检验方法	检查数量
钢构件焊接工程	1	焊接材料进场	第4.3.1条	焊接材料的品种、规格、性能等应符合现行国家产品标准和设计要求	检查焊接材料的质量合格证明文件、中文标志及检验报告等	全数检查
	2	焊接材料复验	第4.3.2条	重要钢结构采用的焊接材料应进行抽样复验,复验结果应符合现行国家产品标准和设计要求	检查复验报告	全数检查
	3	材料匹配	第5.2.1条	焊条、焊丝、焊剂、电渣焊熔嘴等焊接材料与母材的匹配应符合设计要求及国家现行行业标准《建筑钢结构焊接技术规程》(JGJ 81)的规定。焊条、焊剂、药芯焊丝、熔嘴等在使用前,应按其产品说明书及焊接工艺文件的规定进行烘焙和存放	检查质量证明书和烘焙记录	全数检查
	4	焊工证书	第5.2.2条	焊工必须经考试合格并取得合格证书。持证焊工必须在其考试合格项目及其认可范围内施焊	检查焊工合格证及其认可范围、有效期	全数检查
	5	焊接工艺评定	第5.2.3条	施工单位对其首次采用的钢材、焊接材料、焊接方法、焊后热处理等,应进行焊接工艺评定,并应根据评定报告确定焊接工艺	检查焊接工艺评定报告	全数检查
	6	内部缺陷	第5.2.4条	设计要求全焊透的一、二级焊缝应采用超声波探伤进行内部缺陷的检验,超声波探伤不能对缺陷作出判断时,应采用射线探伤,其内部缺陷分级及探伤方法应符合现行国家标准《钢焊缝手工超声波探伤方法和探伤结果分级》		

项目	项次	项目内容	规范编号	验收要求	检验方法	检查数量
钢构件焊接工程				(GB 11345)或《钢熔化焊对接接头射结照相和质量分级》(GB 3323)的规定。一级、二级焊缝的质量等级及缺陷分级应符合《规程》表 4.1 的规定。	检查超声波或射线探伤记录	全数检查
	7	组合焊缝尺寸	第5.2.5条	T形接头、十字街头、角接接头等要求熔透的对接和角对接组合焊缝,其焊脚尺寸不应小于 $t/4$(图18-1a, b, c);设计有疲劳验算要求的吊车梁或类似构件的腹板与上翼缘连接焊缝的焊脚尺寸为 $t/2$(图18-1d),且不应大于 10 mm。焊脚尺寸的允许偏差为 0~4 mm	观察检查,用焊缝量规抽查测量	资料全数检查;同类焊缝抽查 10%,且不应少于 3 条
	8	焊缝表面缺陷	第5.2.6条	焊缝表面不得有裂纹、焊瘤等缺陷。一级、二级焊缝不得有表面气孔、夹渣、弧坑裂纹、电弧擦伤等缺陷。且一级焊缝不得有咬边、未焊满、根部收缩等缺陷	观察检查或使用放大镜、焊缝量规和钢尺检查,当存在疑义时,采用渗透或磁粉探伤检查	每批同类构件抽查 10%,且不应少于 3 件;被抽查构件中,每一类型焊缝按条数抽查 5%,且不应少于 1 条,总抽查数不应少于 10 处
	9	焊接材料进场	第4.3.4条	焊条外观不应有药皮脱落、焊芯生锈等缺陷;焊剂不应受潮结块	观察检查	按量抽查 1%,且不应少于 10 包
	10	预热和后热处理	第5.2.7条	对于需要进行焊前预热或焊后热处理的焊缝,其预热温度或后热温度应符合国家现行有关标准的规定或通过工艺试验确定。预热区在焊道两侧,每侧宽度均应大于焊件厚度的 1.5 倍以上,且不应小于 100 mm;后热处理应在焊后即进行,保温时间应根据板厚按第 25 mm 板厚 1 h 确定	检查预、后热施工记录和工艺试验报告	全数检查

(续表)

项目	项次	项目内容	规范编号	验收要求	检验方法	检查数量
钢构件焊接工程	11	焊缝外观质量	第5.2.8条	二级、三级焊缝外观质量标准应符合《规程》表4.2的规定。三级对接焊缝应按二级焊缝标准进行外观质量检验	观察检查或使用放大镜、焊缝量规和钢尺检查	每批同类构件抽查10%。且不应少于3件;被抽查构件中,每一类型焊缝按条数抽查5%,且不应少于1条;每条检查1处,总抽查数不应少于10处
	12	焊缝尺寸偏差	第5.2.9条	焊缝尺寸允许偏差应符合《规程》表4.3的规定	用焊缝量规检查	每批同类构件抽查10%。且不应少于3件;被抽查构件中,每一类型焊缝按条数抽查5%,且不应少于1条;每条检查1处,总抽查数不应少于10处
	13	凹形角焊缝	第5.2.10条	焊成凹形的角焊缝,焊缝金属与母材间应平缓过渡;加工成凹形的角焊缝,不得在其表面留下切痕	观察检查	每批同类构件抽查10%。且不应少于3件
	14	焊缝感观	第5.2.11条	焊缝感观应达到:外形均匀、成型较好,焊道与焊道、焊道与基本金属间过渡较平滑,焊渣和飞溅物基本除干净	观察检查	每批同类构件抽查10%。且不应少于3件;被抽查构件中,每一类型焊缝按条数抽查5%,总抽查数不应少于5处
焊钉(栓钉)焊接工程	1	焊接材料进场	第4.3.1条	焊接材料的品种、规格、性能等应符合现行国家产品标准和设计要求	检查焊接材料的质量合格证明文件、中文标志及检验报告等	全数检查
	2	焊接材料复验	第4.3.2条	重要钢结构采用的焊接材料应进行抽样复验,复验结果应符合现行国家产品标准和设计要求	检查复验报告	全数检查

(续表)

项目	项次	项目内容	规范编号	验收要求	检验方法	检查数量
	3	焊接工艺评定	第5.3.1条	施工单位对其采用的焊钉和钢材焊接应进行焊接工艺评定,其结果应符合设计要求和国家现行有关标准的规定。瓷环应按其产品说明书进行烘焙	检查焊接工艺评定报告和烘培记录	全数检查
	4	焊后弯曲试验	第5.3.2条	焊钉焊接后应进行弯曲试验检查,其焊缝和热影响区不应有肉眼可见的裂纹	焊钉弯曲30%后用角尺检查和观察检查	每批同类构件抽查10%,且不应少于10件;被抽查构件中,每件检查焊钉数量的1%,但个数不应少于1个
	5	焊钉和瓷环尺寸	第4.3.3条	焊钉及焊接瓷环的规格、尺寸及偏差应符合现行国家标准《圆柱头焊钉》(GB 10433)中的规定	用钢尺和游标卡尺量测	按量抽查1%,且不应少于10套
	6	焊缝外观尺寸	第5.3.3条	焊钉根部焊脚应均匀,焊脚立面的局部未熔合或不足360°的焊脚应进行修补	观察检查	按总焊钉数量抽查1%,且不应少于10个

表 18-2　　　　一、二级焊缝质量等级及缺陷分级

焊缝质量等级		一级	二级
内部缺陷超声波探伤	评定等级	Ⅱ	Ⅲ
	检验等级	B 级	B 级
	探伤比例	100%	20%
内部缺陷超声波探伤	评定等级	Ⅱ	Ⅲ
	检验等级	AB 级	AB 级
	探伤比例	100%	20%

注:探伤比例的计数方法应按以下原则确定:

(1) 对工厂制作焊缝,应按每条焊缝计算百分比,且探伤长度不小于200 mm,当焊缝长度不足200 mm时,应对整条焊缝进行探伤;

(2) 对现场安装焊缝,应按同一类型、同一施焊条件的焊缝条数计算百分比,探伤长度应小于200 mm,并应少于1条焊缝。

表 18-3 二级、三级焊缝外观质量标准 单位:mm

项 目	允许偏差	
缺陷类型	二级	三级
未焊满 (指不足设计要求)	$\leqslant 0.2+0.02t$,且$\leqslant 1.0$ 每 100.0 焊缝内缺陷总长$\leqslant 25.0$	$\leqslant 0.2+0.04t$,且$\leqslant 2.0$
根部收缩	$\leqslant 0.2+0.02t$,且$\leqslant 1.0$ 长度不限	$\leqslant 0.2+0.04t$,且$\leqslant 2.0$
咬边	$\leqslant 0.05t$,且$\leqslant 0.5$;连续长度$\leqslant 100.0$,且焊缝两侧咬边总长$\leqslant 10\%$焊缝全长	$\leqslant 0.1t$,且$\leqslant 1.0$,长度不限
弧坑裂纹	—	允许存在个别长度$\leqslant 5.0$的弧坑裂纹
电弧擦伤	—	允许存在个别电弧擦伤
未接头不良	缺口深度 $0.05t$,且$\leqslant 0.5$ 每 1 000.0 焊缝不应超过 1 处	缺口深度 $0.1t$,且$\leqslant 1.0$
表面夹渣	—	深$\leqslant 0.2t$ 长$\leqslant 0.2t$,且$\leqslant 20.0$
表面气孔	—	每 50.0 焊缝长度内允许直径$\leqslant 0.4t$,且$\leqslant 3.0$ 的气孔 2 个,孔距 6 倍孔径

注:t 为连接较薄的板厚。

表 18-4 对接焊缝及完全熔透组合焊缝尺寸允许偏差 mm

序号	项目	图 例	允许偏差	
			一、二级	三级
1	对接焊缝余高 C		$B<20$:$0\sim 3.0$ $B\geqslant 20$:$0\sim 4.0$	$B<20$:$0\sim 4.0$ $B\geqslant 20$:$0\sim 5.0$
2	对接焊缝错边 d		$d<0.15t$,且$\leqslant 2.0$	$d<0.15t$,且$\leqslant 3.0$

18.3 验收记录

对照规范对本实训项目焊接工程的条目要求,进行质量验收,填写质量验收记录表。表 18-5 为钢结构(钢构件焊接)分项工程检验批质量验收记录表,表 18-6 为钢结构(焊钉焊接)分项工程检验批质量验收记录表。

表 18-5   **钢结构(钢构件焊接)分项工程检验批质量验收记录表**

工程名称			检验批部位	
施工单位			项目经理	
监理单位			总监理工程师	
施工依据标准			分包单位负责人	
主控项目	合格质量标准 (按本规范)	施工单位检验评定 记录或结果	监理(建设)单位 验收记录或结果	备注
1 焊接材料进场	第 4.3.1 条			
2 焊接材料复验	第 4.3.2 条			
3 材料匹配	第 5.2.1 条			
4 焊工证书	第 5.2.2 条			
5 焊接工艺评定	第 5.2.3 条			
6 内部缺陷	第 5.2.4 条			
7 组合焊缝尺寸	第 5.2.5 条			
8 焊缝表面缺陷	第 5.2.6 条			
一般项目	合格质量标准 (按本规范)	施工单位检验评定 记录或结果	监理(建设)单位 验收记录或结果	备注
1 焊接材料进场	第 4.3.4 条			
2 预热和后热处理	第 5.2.7 条			
3 焊缝外观质量	第 5.2.8 条			
4 焊缝尺寸偏差	第 5.2.9 条			
5 凹形角焊缝	第 5.2.10 条			
6 焊缝感观	第 5.2.11 条			
施工单位检验评定结果	班组长: 质检员: 或专业工长: 或项目技术负责人: 年 月 日 年 月 日			

监理(建设)单位验收结论	
	
	         监理工程师(建设单位项目技术人员):
	                                       年 月 日			

表 18-6　　　　　**钢结构(焊钉焊接)分项工程检验批质量验收记录表**

工程名称			检验批部位	
施工单位			项目经理	
监理单位			总监理工程师	
施工依据标准			分包单位负责人	
主控项目	合格质量标准 (按本规范)	施工单位检验评定 记录或结果	监理(建设)单位 验收记录或结果	备注
1 焊接材料进场	第 4.3.1 条			
2 焊接材料复验	第 4.3.2 条			
3 焊接工艺评定	第 5.3.1 条			
4 焊后弯曲试验	第 5.3.2 条			
一般项目	合格质量标准 (按本规范)	施工单位检验评定 记录或结果	监理(建设)单位 验收记录或结果	备注
1 焊钉和瓷环尺寸	第 4.3.3 条			
2 焊缝外观质量	第 5.3.3 条			
施工单位检验评定结果	班组长:　　　　　　　　　　　质检员: 或专业工长:　　　　　　　　　或项目技术负责人: 　　　　　　　年　月　日　　　　　　　　　　　　　年　月　日			
监理(建设)单位验收结论	 　　　　　　　　　　　　　监理工程师(建设单位项目技术人员): 　　　　　　　　　　　　　　　　　　　　　　　　年　月　日			

18.4　成绩评定

实训成绩评定表如表 18-7 所示。

表 18-7　　　　　　　　　　　　实训成绩评定表

任务目标				
考核内容		分值	评定等级	
类	项		学生自评	教师评价
实训掌握	工作了解	30		
	验收过程	30		
实训成果	验收记录	40		
权重			0.3	0.7
成绩评定				

18.5　思考题

（1）如何检验焊接材料匹配情况？

（2）焊缝表面缺陷包含哪些内容？

（3）焊后弯曲试验的抽查数量如何控制？

（4）常用的焊接检验方法有哪些？

（5）焊接质量验收需要哪些质量验收文件、报告、记录？

18.6　教学建议

本单元实训内容主要是学习多层钢框架结构的竣工质量验收。建议教师采用模拟教学法，模拟竣工验收的过程。使用模拟教学法时教师要预先确定学习目标，为学生创设模拟的工作情境，提供辅助学习材料等。

建议教师可将学生分成若干个小组，每个小组分别模拟完成焊接工程质量验收的工作，确保每个学生都了解验收条目及验收方法，都能亲身体验验收过程，并做好验收记录，最后交由教师评估哪组学生的验收记录最规范，验收内容最准确。

任务 19　紧固件连接工程质量验收

19.1　教学目标

通过了解《钢结构工程施工质量验收规范》(GB 50205—2001)(以下简称《规范》)的相关条目对项目工程进行实际验收模拟,了解整个验收过程与验收细节,完成验收任务并记录,形成资料归档。

熟悉验收条目,学习了解验收方法与验收要求,准备相关的验收器材。

19.2　验收要求

本节实训适用于钢结构制作和安装中的普通螺栓、扭剪型高强度螺栓、高强度大六角头螺栓、等连接工程的质量验收。学习紧固件连接工程质量验收条目(表 19-1)。

表 19-1　　　　　　　　　　紧固件连接工程质量验收表

项目	项次	项目内容	规范编号	验收要求	检验方法	检查数量
普通紧固件连接	1	成品进场	第4.4.1条	钢结构连接采用高强度大六角头螺栓连接副、扭剪型高强度螺栓连接副、钢网架用高强度螺栓、普通螺栓、铆钉、自攻钉、拉铆钉、射钉、锚栓(机械型和化学试剂型)、地脚锚栓等紧固标准件及螺母、垫圈等标准配件,其品种、规格、性能等应符合现行国家产品标准和设计要求。高强度大六角头螺栓连接副和扭剪型高强度螺栓连接副出厂时应分别随箱带有扭矩系数和紧固轴力(预拉力)的检验报告	检查产品的质量合格证明文件、中文标志及检验报告等	全数检查

（续表）

项目	项次	项目内容	规范编号	验收要求	检验方法	检查数量
普通紧固件连接	2	螺栓实物复验	第6.2.1条	普通螺栓作为永久性连接螺栓时，当设计有要求或对其质量有疑义时，应进行螺栓实物最小拉力载荷复验，其结果应符合现行国家标准《紧固件机械性能螺栓、螺钉和螺柱》（GB 3098）的规定	检查螺栓实物复验报告	每一规格螺栓抽查8个
	3	匹配及间距	第6.2.2条	连接薄钢板采用的自攻钉、拉铆钉、射钉等其规格尺寸应与被连接钢板相匹配，其间距、边距等应符合设计要求	观察和尺量检查	按连接节点数抽查1%，且不应少于3个
	4	螺栓紧固	第6.2.3条	永久性普通螺栓紧固应牢固、可靠，外露丝扣不应少于2扣	观察和用小锤敲击检查	按连接节点数抽查10%，且不应少于3个
	5	外观质量	第6.2.4条	自攻螺钉、钢拉铆钉、射钉等与连接钢板应紧固密贴，外观排列整齐	观察或用小锤敲击检查	按连接节点数抽查10%，且不应少于3个
高强度螺栓连接	1	成品进场	第4.4.1条	钢结构连接采用高强度大六角头螺栓连接副、扭剪型高强度螺栓连接副、钢网架用高强度螺栓、普通螺栓、铆钉、自攻钉、拉铆钉、射钉、锚栓（机械型和化学试剂型）、地脚锚栓等紧固标准件及螺母、垫圈等标准配件，其品种、规格、性能等应符合现行国家产品标准和设计要求。高强度大六角头螺栓连接副和扭剪型高强度螺栓连接副出厂时应分别随箱带有扭矩系数和紧固轴力（预拉力）的检验报告	检查产品的质量合格证明文件、中文标志及检验报告等	全数检查
	2	扭矩系数或预拉力复验	第4.4.2条	高强度大六角头螺栓连接副应检验其扭矩系数	检查复验报告	在待安装的螺栓批中随机抽取，每批应抽取8套连接副进行复验

（续表）

项目	项次	项目内容	规范编号	验收要求	检验方法	检查数量
高强度螺栓连接	2	扭矩系数或预拉力复验	第4.4.3条	扭剪型高强度螺栓连接副检验预拉力	检查复验报告	在待安装的螺栓批中随机抽取，每批应抽取8套连接副进行复验
	3	抗滑移系数试验	第6.3.1条	钢结构制作和安装单位应分别进行高强度螺栓连接摩擦面的抗滑移系数试验和复验，现场处理的构件摩擦面应单独进行摩擦面抗滑移系数试验，其结果应符合设计要求	检查摩擦面抗滑移系数试验报告和复验报告	制造批可按分部（子分部）工程划分规定的工程量每2 000 t为一批，不足2 000 t的可视为一批。选用两种及两种以上表面处理工艺时，每种处理工艺应单独检验。每批三组试件
	4	终拧扭矩	第6.3.2条	高强度大六角头螺栓连接副终拧完成1 h后、48 h内应进行终拧扭矩检查	（1）扭矩法检验（2）转角法检验（3）扭剪型高强度螺栓施工扭矩检验	按节点数抽查10%，且不应少于10个；每个被抽查节点按螺栓数抽查10%，且不应少于2个
			第6.3.3条	扭剪型高强度螺栓连接副终拧后，除因构造原因无法使用专用扳手终拧掉梅花头者外，未在终拧中拧掉梅花头的螺栓数不应大于该节点螺栓数的5%。对所有梅花头未拧掉的扭剪型高强度螺栓连接副应采用扭矩法或转角法进行终拧并作标记，且按《规范》第6.3.2条的规定进行终拧扭矩检查		按节点数抽查10%，但不应少于10个节点，被抽查节点中梅花头未拧掉的扭剪型高强度螺栓连接副全数进行终拧扭矩检查
	5	成品包装	第4.4.4条	高强度螺栓连接副，应按包装箱配套供货，包装箱上应标明批号、规格、数量及生产日期。螺栓、螺母、垫圈外观表面应涂油保护，不应出现生锈和沾染赃物，螺纹不应损伤	观察检查	按包装箱数抽查5%，且不应少于3箱

项目	项次	项目内容	规范编号	验收要求	检验方法	检查数量
高强度螺栓连接	6	表面硬度试验	第4.4.5条	对建筑结构安全等级为一级,跨度40 m及以上的螺栓球节点钢网架结构,其连接高强度螺栓应进行表面硬度试验,对8.8级的高强度螺栓其硬度应为HRC21~HRC29;10.9级的高强度螺栓其硬度应为HRC32~HRC36,且不得有裂纹或损伤	硬度计、10倍放大镜或磁粉探伤	按规格抽查8只
	7	初拧、复拧扭矩	第6.3.4条	高强度螺栓连接副的施拧顺序和初拧、复拧扭矩应符合设计要求和国家现行行业标准《钢结构高强度螺栓连接技术规程》(JGJ 82)的规定(以下简称《规程》)	检查扭矩扳手标定记录和螺栓施工记录	全数检查资料
	8	连接外观质量	第6.3.5条	高强度螺栓连接副终拧后,螺栓丝扣外露应为2~3扣,其中允许有10%的螺栓丝扣外露1扣或4扣	观察检查	按节点数抽查5%,且不应少于10个
	9	摩擦面外观	第6.3.6条	高强度螺栓连接摩擦面应保持干燥、整洁,不应有飞边、毛刺、焊接飞溅物、焊疤、氧化铁皮、污垢等,除设计要求外摩擦面不应涂漆	观察检查	全数检查
	10	扩孔	第6.3.7条	高强度螺栓应自由穿入螺栓孔。高强度螺栓孔不应采用气割扩孔,扩孔数量应征得设计同意,扩孔后的孔径不应超过1.2d(d为螺栓直径)	观察检查及用卡尺检查	被扩螺栓孔全数检查
	11	网架螺栓紧固	第6.3.8条	螺栓球节点网架总拼完成后,高强度螺栓与球节点应紧固连接,高强度螺栓拧入螺栓球内的螺纹长度不应小于1.0d(d为螺栓直径),连接处不应出现有间隙、松动等未拧紧情况	普通扳手及尺量检查	按节点数抽查5%,且不应少于10个

19.3 验收记录

按照《规范》对本实训项目紧固件连接工程质量验收条目,进行质量验收,填写质量验收记录表(表 19-2、表 19-3)。

表 19-2　　　　　钢结构(普通紧固件连接)分项工程检验批质量验收记录表

工程名称			检验批部位	
施工单位			项目经理	
监理单位			总监理工程师	
施工依据标准			分包单位负责人	
主控项目	合格质量标准 (按本规范)	施工单位检验评定 记录或结果	监理(建设)单位 验收记录或结果	备注
1　成品进场	第 4.4.1 条			
2　螺栓实物复验	第 6.2.1 条			
3　匹配及间距	第 6.2.2 条			
一般项目	合格质量标准 (按本规范)	施工单位检验评定 记录或结果	监理(建设)单位 验收记录或结果	备注
1　螺栓紧固	第 6.2.3 条			
2　外观质量	第 6.2.4 条			
施工单位检验评定结果	班组长:　　　　　　　　　质检员: 或专业工长:　　　　　　　或项目技术负责人: 　　年 月 日　　　　　　　　　年 月 日			
监理(建设)单位验收结论	 　　　　　　　　　　　　监理工程师(建设单位项目技术人员): 　　　　　　　　　　　　　　　　　　　　　年　月　日			

表 19-3　　　　　**钢结构(高强度螺栓连接)分项工程检验批质量验收记录表**

工程名称			检验批部位	
施工单位			项目经理	
监理单位			总监理工程师	
施工依据标准			分包单位负责人	

	主控项目	合格质量标准 (按本规范)	施工单位检验评定 记录或结果	监理(建设)单位 验收记录或结果	备注
1	成品进场	第 4.4.1 条			
2	扭矩系数或预拉力 复验	第 4.4.2 条或 第 4.4.3 条			
3	抗滑移系数试验	第 6.3.1 条			
4	终拧扭矩	第 6.3.2 条或 第 6.3.3 条			

	一般项目	合格质量标准 (按本规范)	施工单位检验评定 记录或结果	监理(建设)单位 验收记录或结果	备注
1	成品包装	第 4.4.4 条			
2	表面硬度试验	第 4.4.5 条			
3	初拧/复拧扭矩	第 6.3.4 条			
4	连接外观质量	第 6.3.5 条			
5	摩擦面外观	第 6.3.6 条			
6	扩孔	第 6.3.7 条			
7	网架螺栓紧固	第 6.3.8 条			

施工单位检验评定结果	班组长:　　　　　　　　　质检员: 或专业工长:　　　　　　　或项目技术负责人: 　年　月　日　　　　　　　　年　月　日
监理(建设)单位验收结论	 　　　　　　　　　监理工程师(建设单位项目技术人员): 　　　　　　　　　　　　　　　　　　　　年　月　日

19.4　成绩评定

实训成绩评定表如表 19-4 所示。

表 19-4　　　　　　　　　　　实训成绩评定表

任务目标				
考核内容		分值	评定等级	
类	项		学生自评	教师评价
实训掌握	工作了解	30		
	验收过程	30		
实训成果	验收记录	40		
权重			0.3	0.7
成绩评定				

19.5　思考题

（1）终拧扭矩的检验方法有哪些？

（2）《规范》第 4.4.1 条中需要哪些检验报告？

（3）普通紧固件连接有哪些内容需要验收？

（4）完成紧固件连接工程验收需要哪些文件、记录、报告？

19.6　教学建议

建议教师布置每个学生小组分别模拟完成紧固件连接工程质量验收的工作，确保每个学生都了解验收条目及验收方法，都能亲身体验验收过程，并做好验收记录，最后交由教师评估哪组学生的验收记录最规范，验收内容最准确。

任务 20　钢零件及钢部件加工工程质量验收

20.1　教学目标

通过了解《钢结构工程施工质量验收规范》（以下简称《规范》）的相关条目对项目工程进行实际验收模拟，了解整个验收过程与验收细节。熟悉验收条目，了解验收方法与验收要求，能够按照验收条目的要求准备相关的验收器材。完成验收任务并记录，形成资料归档。

20.2　验收要求

本节实训适用于钢结构制作及安装中钢零件及钢部件加工的质量验收。在验收实训之前需要做好如下准备：学习钢零件及钢部件加工工程验收条目（表 20-1）；了解 A 级、B 级螺栓孔径的允许偏差（表 20-2）；了解 C 级螺栓孔的允许偏差（表 20-3）；了解气割的允许偏差（表 20-4）；了解机械剪切的允许偏差（表 20-5）；了解冷矫正和冷弯曲的最小曲率半径和最大弯曲矢高（表 20-6）；了解钢材矫正后的允许偏差（表 20-7）；了解边缘加工的允许偏差（表 20-8）；了解螺栓孔孔距的允许偏差（表 20-9）。

表 20-1　　　　　　　　　　钢零件及钢部件加工工程验收要求

项目	项次	项目内容	规范编号	验收要求	检验方法	检查数量
钢结构零、部件加工	1	材料进场	第 4.2.1 条	钢材、钢铸件的品种、规格、性能等应符合现行国家产品标准和设计要求。进口钢材产品的质量应符合设计和合同规定标准的要求	检查质量合格证明文件、中文标志及检验报告等	全数检查
	2	钢材复验	第 4.2.2 条	对下列情况之一的钢材，应进行抽样复检，其复检结果应符合现行国家产品标准和设计要求： (1) 国外进口钢材； (2) 钢材混批；	检查复验报告	全数检查

项目	项次	项目内容	规范编号	验收要求	检验方法	检查数量
钢结构零、部件加工	2	钢材复验	第4.2.2条	(3) 板厚等于或大于 40 mm,且设计有 Z 向性能要求的钢材; (4) 建筑结构安全等级为一级、大跨度钢结构中主要受力构件所采用的钢材; (5) 设计有复验要求的钢材; (6) 对质量有疑义的钢材	检查复验报告	全数检查
	3	切面质量	第7.2.1条	钢材切割面或剪切面应无裂纹、夹渣、分层和大于 1 mm 的缺棱	观察或用放大镜及百分尺检查,有疑义时作渗透、磁粉或超声波探伤检查	全数检查
	4	矫正和成型	第7.3.1条	碳素结构钢在环境温度低于 −16 ℃、低合金结构钢在环境温度低于 −12 ℃时,不应进行冷矫正和冷弯曲。碳素结构钢和低合金结构钢在加热矫正时,加热温度不应超过 900 ℃。低合金结构钢在加热矫正后应自然冷却	检查制作工艺报告和施工记录	全数检查
			第7.3.2条	当零件采用热加工成型时,加热温度应控制在 900～1 000 ℃;碳素结构钢和低合金结构钢在温度分别下降到 700 ℃ 和 800 ℃ 之前,应结束加工;低合金结构钢应自然冷却	检查制作工艺报告和施工记录	全数检查
	5	边缘加工	第7.4.1条	气割或机械剪切的零件,需要进行边缘加工时,其刨削量不应小于 2.0 mm	检查制作工艺报告和施工记录	全数检查
	6	制孔	第7.6.1条	A 级、B 级螺栓孔(Ⅰ类孔)应具有 H12 的精度,孔壁表面粗糙度 Ra 不应大于 12.5 μm。其孔径的允许偏差应符合《规程》表 4.4 的规定。 C 级螺栓孔(Ⅱ类孔),孔壁表面粗糙度 Ra 不应大于 25 μm,其允许偏差应符合《规程》表 4.5 的规定	用游标卡尺或孔径量规检查	按钢构件数量抽查 10%,且不应少于 3 件

（续表）

项目	项次	项目内容	规范编号	验收要求	检验方法	检查数量
钢结构零、部件加工	7	材料规格尺寸	第4.2.3条	钢板厚度及允许偏差应符合其产品标准的要求	用游标卡尺量测	每一品种、规格的钢板抽查5处
			第4.2.4条	型钢的规格尺寸及允许偏差应符合其产品标准的要求	用钢尺和游标卡尺量测	每一品种、规格的型钢抽查5处
	8	钢材表面质量	第4.2.5条	钢材的表面外观质量除应符合国家现行有关标准的规定外，尚应符合下列规定： (1) 当钢材的表面有锈蚀、麻点或划痕等缺陷时，其深度不得大于该钢材厚度负允许偏差值的1/2； (2) 钢材表面的锈蚀等级应符合现行国家标准《涂装前钢材表面锈蚀等级和除锈等级》(GB 8923)规定的C级及C级以上； (3) 钢材端边或断口处不应有分层、夹渣等缺陷	观察检查	全数检查
	9	切割精度	第7.2.2条	气割的允许偏差应符合《规程》表4.6的规定	观察检查或用钢尺、塞尺检查	按切割面数抽查10%，且不应少于3个
			第7.2.3条	机械剪切的允许偏差应符合《规程》表4.7的规定	观察检查或用钢尺、塞尺检查	按切割面数抽查10%，且不应少于3个
	10	矫正质量	第7.3.3条	矫正后的钢材表面，不应有明显的凹面或损伤，划痕深度不得大于0.5 mm，且不应大于该钢材厚度负允许偏差的1/2	观察检查和实测检查	全数检查
			第7.3.4条	冷矫正和冷弯曲的最小曲率半径和最大弯曲矢高应符合《规程》表4.8的规定	观察检查和实测检查	按冷矫正和冷弯曲的件数抽查10%，且不应少于3件
			第7.3.5条	钢材矫正后的允许偏差，应符合《规程》表4.9的规定	观察检查和实测检查	按冷矫正件数抽查10%，且不应少于3件
	11	边缘加工精度	第7.4.2条	边缘加工允许偏差应符合《规程》表4.10的规定	观察检查和实测检查	按加工面数抽查10%，且不应少于3件

（续表）

项目	项次	项目内容	规范编号	验收要求	检验方法	检查数量
钢结构零、部件加工	12	制孔精度	第7.6.2条	螺栓孔孔距的允许偏差应符合《规程》表4.11的规定	用钢尺检查	按钢构件数量抽查10%，且不应少于3件
			第7.6.3条	螺栓孔孔距的允许偏差超过《规范》表4.11规定的允许偏差时，应采用与母材材质相匹配的焊条补焊后重新制孔	观察检查	全数检查

表 20-2　　　　　　　　　　A级、B级螺栓孔径的允许偏差　　　　　　　单位:mm

序号	螺栓公称直径、螺栓孔直径	螺栓公称直径允许偏差	螺栓孔直径允许偏差
1	10～18	0.00 −0.18	＋0.18 0.00
2	18～30	0.00 −0.21	＋0.21 0.00
3	30～50	0.00 −0.25	＋0.25 0.00

表 20-3　　　　　　　　　　C级螺栓孔的允许偏差　　　　　　　　　单位:mm

项目	允许偏差
直径	＋1.0 0.0
圆度	2.0
垂直度	$0.03t$,且不应大于 2.0

表 20-4　　　　　　　　　　气割的允许偏差　　　　　　　　　　单位:mm

项目	允许偏差
零件宽度、长度	±3.0
切割面平面度	$0.05t$,且不应大于 2.0
割纹深度	0.3
局部缺口深度	1.0

注:t 为切割面厚度。

表 20-5 　　　　　　　　　机械剪切的允许偏差　　　　　　　　　单位:mm

项　目	允许偏差
零件宽度、长度	±3.0
边缘缺棱	1.0
型钢端部垂直度	2.0

表 20-6 　　　　　　冷矫正和冷弯曲的最小曲率半径和最大弯曲矢高　　　　　　单位:mm

钢材类别	图　例	对应轴	矫正		弯曲	
			r	f	r	f
钢板扁钢		$x-x$	$50t$	$l^2/400t$	$25t$	$l^2/200t$
		$y-y$(仅对扁钢轴线)	$100b$	$l^2/800b$	$50b$	$l^2/400b$
角钢		$x-x$	$90b$	$l^2/720b$	$45b$	$l^2/360b$
槽钢		$x-x$	$50h$	$l^2/400h$	$25h$	$l^2/200h$
		$y-y$	$90b$	$l^2/720b$	$45b$	$l^2/360b$
工字钢		$x-x$	$50h$	$l^2/400h$	$25h$	$l^2/200h$
		$y-y$	$50b$	$l^2/400b$	$25b$	$l^2/200b$

注:r 为曲率半径;f 为弯曲矢高;l 为弯曲弦长;t 为钢板厚度。

表 20-7　　　　　　　　　　　钢材矫正后的允许偏差　　　　　　　　　单位:mm

项　目		允许偏差	图　例
钢板的局部平面度	$t\leqslant14$	1.5	
	$t>14$	1.0	
型钢弯曲矢高		$l/1\ 000$ 且不应大于 5.0	
角钢肢的垂直度		$b/100$ 双肢栓接角钢的角度不得大于 90°	
槽钢翼缘对腹板的垂直度		$b/80$	
工字钢、H 型钢翼缘对腹板的垂直度		$b/100$ 且不大于 2.0	

表 20-8　　　　　　　　　　　边缘加工的允许偏差　　　　　　　　　　单位:mm

项　目	允许偏差
零件宽度、长度	±1.0
加工边直线度	$l/3\ 000$,且不应大于 2.0
相邻两边夹角	±6′
加工面垂直度	$0.025t$,且不应大于 5.0
加工面表面粗糙度	50

表 20-9　　　　　　　　　　　螺栓孔孔距的允许偏差　　　　　　　　　　单位：mm

螺栓孔孔距范围	≤500	501～1 200	1 201～3 000	>3 000
同一组内任意两孔间距离	±1.0	±1.5	—	—
相邻两组的端孔间距离	±1.5	±2.0	±2.5	±3.0

注：(1) 在节点中连接板与一根杆件相连的所有螺栓孔为一组；
　　(2) 对接接头在拼接板一侧的螺栓孔为一组；
　　(3) 在两邻节点或接头间的螺栓孔为一组，但不包括上述两款所规定的螺栓孔；
　　(4) 受弯构件翼缘上的连接螺栓孔，每米长度范围内的螺栓孔为一组。

20.3　验收记录

按照《规范》对本实训项目钢零件及钢部件加工工程质量验收条目，进行质量验收，填写质量验收记录表（表 20-10）。

表 20-10　　　钢结构（零件及部件加工）分项工程检验批质量验收记录表

工程名称		检验批部位	
施工单位		项目经理	
监理单位		总监理工程师	
施工依据标准		分包单位负责人	

主控项目		合格质量标准（按本规范）	施工单位检验评定记录或结果	监理（建设）单位验收记录或结果	备注
1	材料进场	第 4.2.1 条			
2	钢材复验	第 4.2.2 条			
3	切面质量	第 7.2.1 条			
4	矫正和成型	第 7.3.1 条和 7.3.2 条			
5	边缘加工	第 7.4.1 条			
6	制孔	第 7.6.1 条			

（续表）

	一般项目	合格质量标准 （按本规范）	施工单位检验评定 记录或结果	监理（建设）单位 验收记录或结果	备注
1	材料规格尺寸	第4.2.3条和 第4.2.4条			
2	钢材表面质量	第4.2.5条			
3	切割精度	第7.2.2条或 第7.2.3条			
4	矫正质量	第7.2.2条、 第7.3.4条和 第7.3.5条			
5	边缘加工精度	第7.4.2条			
6	制孔精度	第7.6.2条和 第7.6.3条			
施工单位检验评定结果		班组长： 专业工长：		质检员： 或项目技术负责人： 年　月　日	年　月　日
监理（建设）单位验收结论		监理工程师（建设单位项目技术人员）： 年　月　日			

20.4　成绩评定

实训成绩评定表如表20-11所示。

表20-11　　　　　　　　实训成绩评定表

任务目标				
考核内容		分值	评定等级	
类	项		学生自评	教师评价
实训掌握	工作了解	30		
	验收过程	30		
实训成果	验收记录	40		
权重			0.3	0.7
成绩评定				

20.5　思考题

（1）切面质量应使用哪些工具进行检验？

（2）钢材复验结果应符合哪些要求？

（3）边缘加工的验收要求是什么？

（4）钢零件、钢部件有哪些？

（5）完成钢零件及钢部件加工质量验收需要哪些文件、报告、记录？

20.6　教学建议

建议教师按照已经分好的学生小组，布置每个小组分别模拟完成钢零、部件加工工程质量验收的工作，确保每个学生都了解验收条目及验收方法，都能亲身体验验收过程并做好验收记录，最后交由教师评估哪组学生的验收记录最规范，验收内容最准确。

任务 21　钢构件组装工程质量验收

21.1　教学目标

通过了解《钢结构工程施工质量验收规范》(以下简称《规范》)的相关条目对项目工程进行实际验收模拟,了解整个验收过程与验收细节,完成验收任务并记录,形成资料归档。

熟悉验收条目,学习了解验收方法与验收要求,准备相关的验收器材。

21.2　验收要求

本节实训适用于钢结构制作中构件组装的质量验收。在验收实训之前需要做好如下准备:学习钢构件组装工程验收条目(表 21-1);了解端部铣平的允许偏差(表 21-2);了解钢构件外形尺寸主控项目的允许偏差(表 21-3);了解焊接 H 型钢的允许偏差(表 21-4);了解安装焊缝坡口的允许偏差(表 21-5)。

表 21-1　　　　　　　　　　钢构件组装工程验收要求

项目	项次	项目内容	《规范》编号	验收要求	检验方法	检查数量
钢构件组装	1	吊车梁(桁架)	第 8.3.1 条	吊车梁和桁架不应下挠	构件直立,在两端支承后,用水准仪和钢尺检查	全数检查
	2	端部铣平精度	第 8.4.1 条	端部铣平的允许偏差应符合《规范》表 4.12 的规定	用钢尺、角尺、塞尺等检查	按铣平面数量抽查 10%,且不应少于 3 个
	3	外形尺寸	第 8.5.1 条	钢构件外形尺寸主控项目的允许偏差应符合《规范》表 4.13 的规定	用钢尺检查	全数检查

(续表)

项目	项次	项目内容	《规范》编号	验收要求	检验方法	检查数量
钢构件组装	4	焊接H型钢接缝	第8.2.1条	焊接H型钢的翼缘板拼接缝和腹板拼接缝的间距不应小于200 mm。翼缘板拼接长度不应小于2倍板宽;腹板拼接宽度不小于300 mm,长度不应小于600 mm	观察和用钢尺检查	全数检查
	5	焊接H型钢精度	第8.2.2条	焊接H型钢的允许偏差应符合《规范》表4.14的规定	用钢尺、角尺、塞尺等检查	按钢构件数抽查10%,宜不应少于3件
	6	焊接组装精度	第8.3.2条	焊接连接组装的允许偏差应符合《规范》附录C中表C.0.2的规定	用钢尺检验	按构件数抽查10%,且不应少于3件
	7	顶紧接触面	第8.3.3条	顶紧接触面应有75%以上的面积紧贴	用0.3 mm塞尺检查,其塞入面积应小于25%,边缘间隙不应大于0.8 mm	按接触面的数量抽查10%,且不应少于10个
	8	焊缝坡口精度	第8.4.2条	安装焊缝坡口的允许偏差应符合《规范》表4.15的规定	用焊缝量规检查	按坡口数量抽查10%,且不应少于3条
	9	铣平面保护	第8.4.3条	外露铣平面应防锈保护	观察检查	全数检查
	10	外形尺寸	第8.5.2条	钢构件外形尺寸一般项目的允许偏差应符合《规范》附录C中表C.0.3至表C.0.9规定	见《规范》附录C中表C.0.3至表C.0.9	按构件数抽查10%,且不应少于3件

表 21-2　　　　　　　　　　　　端部铣平的允许偏差　　　　　　　　　　单位:mm

项　　目	允许偏差
两端铣平时构件长度	±2.0
两端铣平时零件长度	±0.5
铣平面的平面度	0.3
镜平面对轴线的垂直度	$l/1\,500$

表 21-3   钢构件外形尺寸主控项目的允许偏差   单位:mm

项　目	允许偏差
单层柱、梁、桁架受力支托(支承面)表面至第一个安装孔距离	±1.0
多节柱铣平面至第一个安装孔距离	±1.0
实腹梁两端最外侧安装孔距离	±3.0
构件连接处的截面几何尺寸	±3.0
柱、梁连接处的腹板中心线偏移	2.0
受压构件(杆件)弯曲矢高	$l/1\,000$,且不应大于 10.0

表 21-4   焊接 H 型钢的允许偏差   单位:mm

项　目	允许偏差		图　例
截面高度 h	$h < 500$	±2.0	
	$500 < h < 1\,000$	±3.0	
	$h > 1\,000$	±4.0	
截面宽度 b	±3.0		
腹板中心偏移	2.0		
翼缘板垂直度△	$b/100$,且不应大于 3.0		
弯曲矢高(受压构件除外)	$L/1\,000$,且不应大于 10.0		
扭曲	$b/250$,且不应大于 5.0		
腹板局部平面度 f	$t < 14$	3.0	

表 21-5   安装焊缝坡口的允许偏差

项　目	允许偏差
坡口角度	±5°
钝边	±1.0 mm

21.3　验收记录

按照《规范》对本实训项目钢构件组装工程质量验收条目,进行质量验收,填写质量验收记录表(表 21-6)。

表 21-6　　　　　　钢结构(构件组装)分项工程检验批质量验收记录表

工程名称				检验批部位	
施工单位				项目经理	
监理单位				总监理工程师	
施工依据标准				分包单位负责人	
主控项目	合格质量标准 (按《规范》)	施工单位检验评定 记录或结果	监理(建设)单位 验收记录或结果		备注
1　吊车梁(桁架)	第 8.3.1 条				
2　端部铣平精度	第 8.4.1 条				
3　外形尺寸	第 8.5.1 条				
一般项目	合格质量标准 (按《规范》)	施工单位检验评定 记录或结果	监理(建设)单位 验收记录或结果		备注
1　焊接 H 型钢接缝	第 8.2.1 条				
2　焊接 H 型钢精度	第 8.2.2 条				
3　焊接组装精度	第 8.3.2 条				
4　顶紧接触面	第 8.3.3 条				
5　焊缝坡口精度	第 8.4.2 条				
6　铣平面保护	第 8.4.3 条				
7　外形尺寸	第 8.5.2 条				
施工单位检验评定结果	班组长： 或专业工长： 　年　月　日		质检员： 或项目技术负责人： 　年　月　日		
监理(建设)单位验收结论	监理工程师(建设单位项目技术人员)： 　　　　　　　　　　　　　年　月　日				

21.4　成绩评定

实训成绩评定表如表 21-7 所示。

表 21-7　　　　　　　　　　　　实训成绩评定表

任务目标				
考核内容		分值	评定等级	
类	项		学生自评	教师评价
实训掌握	工作了解	30		
	验收过程	30		
实训成果	验收记录	40		
权重			0.3	0.7
成绩评定				

21.5　思考题

（1）吊车梁（桁架）组装的检验方法是什么？

（2）端部铣平应使用什么工具测量？

（3）检验焊接 H 型钢接缝的方法是什么？

（4）钢构件组装工程验收需要哪些文件、报告、记录？

21.6　教学建议

建议教师布置每个学生小组分别模拟完成钢构件组装工程质量验收的工作,确保每个学生都了解验收条目及验收方法,都能亲身体验验收过程,并做好验收记录,最后交由教师评估哪组学生的验收记录最规范,验收内容最准确。

任务 22　多、高层钢结构安装工程质量验收

22.1　教学目标

通过了解《钢结构工程施工质量验收规范》(以下简称《规范》)的相关条目对项目工程进行实际验收模拟,了解整个验收过程与验收细节,完成验收任务并记录,形成资料归档。

熟悉验收条目,学习了解验收方法与验收要求,准备相关的验收器材。

22.2　验收要求

本节实训适用于多层及高层钢结构的主体结构、地下钢结构等安装工程的质量验收。柱、梁、支撑等构件的长度尺寸应包括焊接收缩余量等变形值。在验收实训之前需要做好如下准备:学习多、高层钢结构安装工程验收条目(表 22-1);了解建筑物的定位轴线、基础上柱的定位轴线和标高、地脚螺栓(锚栓)的允许偏差,支承面、地脚螺栓(锚栓)位置的允许偏差(表 22-2);了解支承面、地脚螺栓(锚栓)位置的允许偏差(表 22-3);了解座浆垫板的允许偏差(表 22-4);了解杯口尺寸的允许偏差(表 22-5);了解柱子安装的允许偏差(表 22-6);了解整体垂直和整体平面弯曲的允许偏差(表 22-7);了解地脚螺栓(锚栓)尺寸的允许偏差(表 22-8);了解多层及高层钢结构主体结构总高度的允许偏差(表 22-9);了解现场焊缝组对间隙的允许偏差(表 22-10)。

表 22-1　　　　　　　　　　　多、高层钢结构安装工程验收要求

项目	项次	项目内容	规范编号	验收要求	检验方法	检查数量
多、高层钢结构安装	1	基础验收	第11.2.1条	建筑物的定位轴线、基础上柱的定位轴线和标高、地脚螺栓(锚栓)的规格和位置、地脚螺栓(锚栓)紧固应符合设计要求。当设计无要求时,应符合《规范》表4.16的规定	采用经纬仪、水准仪、全站仪和钢尺实测	按柱基数抽查10%,且不应少于3个

（续表）

项目	项次	项目内容	规范编号	验收要求	检验方法	检查数量
多、高层钢结构安装	1	基础验收	第11.2.2条	多层建筑以基础顶面直接作为柱的支承面，或以基础顶面预埋钢板或支座作为柱的支承面时，其支承面、地脚螺栓（锚栓）位置的允许偏差应符合《规范》表4.17的规定	采用经纬仪、水准仪、全站仪和钢尺实测	按柱基数抽查10%，且不应少于3处
			第11.2.3条	多层建筑采用座浆垫板时，座浆垫板的允许偏差应符合《规范》表4.18的规定	采用经纬仪、水准仪、全站仪和钢尺实测	资料全数检查。按柱基数抽查10%，且不应少于3处
			第11.2.4条	当采用杯口基础时，杯口尺寸的允许偏差应符合《规范》表4.19的规定	观察及尺量检查	按柱基数抽查10%，且不应少于4
	2	构件验收	第11.3.1条	钢构件应符合设计要求和《规范》的规定。运输、堆放和吊装造成的钢构件变形及涂层脱落，应进行矫正和修补	用拉线、钢尺现场实测或观察	按构件数抽查10%，且不应少于3件
	3	钢柱安装精度	第11.3.2条	柱子安装的允许偏差应符合《规范》表4.20的规定	用全站仪或激光经纬仪和钢尺实测	标准柱全部检查；非标准柱抽查10%，且不应少于3根
	4	顶紧接触面	第11.3.3条	设计要求顶紧的节点，接触面不应少于70%紧贴，且边缘最大间隙不应大于0.8 mm	用钢尺及0.3 mm和0.8 mm厚的塞尺现场实测	按节点数抽查10%，且不应少于3个
	5	垂直度和侧弯曲	第11.3.4条	钢主梁、次梁及受压杆件的垂直度和侧向弯曲矢高的允许偏差符合《规范》表中有关钢屋（托）架允许偏差的规定	用吊线、拉线、经纬仪和钢尺现场实测	按同类构件数抽查10%，且不应少于3件
	6	主体结构尺寸	第11.3.5条	多层及高层钢结构主体结构的整体垂直和整体平面弯曲的允许偏差应符合《规范》表4.21的规定	对于整体垂直度，可采用激光经纬仪、全站仪测量也可根据各节柱的垂直度允许偏差累计（代数和）计算。对于整体平面弯曲，可按产生的允许偏差累计（代数和）计算	对主要立面全部检查。对每个所检查的立面，除两列角柱外，尚应至少选取1列中间柱

（续表）

项目	项次	项目内容	规范编号	验收要求	检验方法	检查数量
多、高层钢结构安装	7	地脚螺栓精度	第 11.2.5 条	地脚螺栓（锚栓）尺寸的允许偏差应符合《规范》表 4.22 的规定。地脚螺栓（锚栓）的螺纹应受到保护	用钢尺现场实测	按柱基数抽查 10%，且不应少于 3 个
	8	标记	第 11.3.7 条	钢柱等主要构件的中心线及标高基准点等标记应齐全	观察检查	按同类构件数抽查 10%，且不应少于 3 件
	9	主体结构高度	第 11.3.9 条	主体结构部高度的允许偏差应符合《规范》表 4.23 的规定	采用全站仪、水准仪和钢尺实测	按标准柱列数抽查 10%，且不应少于 4 列
	10	现场组队精度	第 11.3.14 条	多层及高层钢结构中现场焊缝组对间隙的允许偏差应符合《规范》表 4.24 的规定	尺量检查	按同类构件数抽查 10%，且不应少于 3 件
	11	结构表面	第 11.3.6 条	钢结构表面应干净，结构主要表面不应有疤痕、泥沙污垢	观察检查	按同类构件数抽查 10%，且不应少于 3 件

表 22-2 建筑物的定位轴线、基础上柱的定位轴线和标高、地脚螺栓（锚栓）的允许偏差

项　目	允许偏差	图　例
建筑物定位轴线	$L/20\ 000$，且不应大于 3.0 mm	
基础上柱的定位轴线	1.0 mm	
基础上柱底标高	±2.0 mm	
地脚螺栓（锚栓）位移	2.0 mm	

117

表 22-3　　　　　　　　　支承面、地脚螺栓(锚栓)位置的允许偏差　　　　　　　　单位:mm

项　目		允许偏差
支承面	标高	±3.0
	水平度	L/1 000
地脚螺栓(锚栓)	螺栓中心偏移	5.0
预留孔中心偏移		10.0

表 22-4　　　　　　　　　　座浆垫板的允许偏差　　　　　　　　　　单位:mm

项　目	允许偏差
顶面标高	0.0 −3.0
水平度	L/1 000
位置	20.0

表 22-5　　　　　　　　　　杯口尺寸的允许偏差　　　　　　　　　　单位:mm

项　目	允许偏差
底面标高	0.0 −5.0
杯口深度 H	±5.0
杯口垂直度	$H/100$,且不应大于 10.0
位置	10.0

表 22-6　　　　　　　　　　柱子安装的允许偏差　　　　　　　　　　单位:mm

项　目	允许偏差	图　例
底层柱柱底轴线对定位轴线偏移	3.0	
柱子定位轴线	1.0	
单节柱的垂直度	$h/1 000$,且不应大于 10.0	

表 22-7　　　　　　　整体垂直和整体平面弯曲的允许偏差　　　　　　单位:mm

项　目	允许偏差	图　例
主体结构的整体垂直度	$(H/2\,500+10.0)$，且不应大于 50.0	
主体结构的整体平面弯曲	$L/1\,500$，且不应大于 25.0	

表 22-8　　　　　　　地脚螺栓(锚栓)尺寸的允许偏差　　　　　　单位:mm

项　目	允许偏差
螺栓(锚栓)露出长度	+30.0 0.0
螺纹长度	+30.0 0.0

表 22-9　　　　　多层及高层钢结构主体结构总高度的允许偏差　　　　　单位:mm

项　目	允许偏差	图　例
用相对标高控制安装	$\pm\sum(\Delta_h+\Delta_z+\Delta_w)$	
用设计标高控制安装	$H/1\,000$，且不应大于 30.0 $-H/1\,000$，且不应大于 -30.0	

注:(1) 为每节柱子长度的制造允许偏差;
　　(2) 为每节柱子长度受荷载后的压缩值;
　　(3) 为每节柱子接头焊缝的收缩值。

表 22-10　　　　　　　现场焊缝组对间隙的允许偏差　　　　　　单位:mm

项　目	允许偏差
无垫板间隙	+3.0 0.0
有垫板间隙	+3.0 -2.0

119

22.3 验收记录

按照《规范》对本实训项目多、高层钢结构安装工程的质量验收条目,进行质量验收,填写钢结构(多层及高层结构安装)分项工程检验质量验收记录表(表 22-11)。

表 22-11　　　钢结构(多、高层结构安装)分项工程检验批质量验收记录表

工程名称				检验批部位	
施工单位				项目经理	
监理单位				总监理工程师	
施工依据标准				分包单位负责人	
主控项目		合格质量标准 (按《规范》)	施工单位检验评定 记录或结果	监理(建设)单位 验收记录或结果	备注
1	基础验收	第 11.2.1 条、 第 11.2.2 条、 第 11.2.3 条、 第 11.2.4 条			
2	构件验收	第 11.3.1 条			
3	钢柱安装精度	第 11.3.2 条			
4	顶紧接触面	第 11.3.3 条			
5	垂直度和侧弯曲	第 11.3.4 条			
6	主体结构尺寸	第 11.3.5 条			
一般项目		合格质量标准 (按《规范》)	施工单位检验评定 记录或结果	监理(建设)单位 验收记录或结果	备注
1	地脚螺栓精度	第 11.2.5 条			
2	标记	第 11.3.7 条			
3	主体结构高度	第 11.3.9 条			
4	现场组对精度	第 11.3.14 条			
5	结构表面	第 11.3.6 条			
施工单位检验评定结果		班组长:　　　　　　　　　　质检员: 或专业工长:　　　　　　　　或项目技术负责人: 　　年　　月　　日　　　　　　　年　　月　　日			
监理(建设)单位验收结论		监理工程师(建设单位项目技术人员): 　　　　　　　　　　　　　　　　　年　　月　　日			

22.4　成绩评定

实训成绩评定表如表 22-12 所示。

表 22-12　　　　　　　　　　　　　实训成绩评定表

任务目标				
考核内容		分值	评定等级	
类	项		学生自评	教师评价
实训掌握	工作了解	30		
	验收过程	30		
实训成果	验收记录	40		
权重			0.3	0.7
成绩评定				

22.5　思考题

（1）基础验收包括哪些内容？

（2）钢柱安装精度应用什么工具检验？

（3）地脚螺栓尺寸的允许偏差应符合什么规定？

（4）多、高层钢结构安装质量验收需要哪些质量验收文件、报告、记录？

22.6　教学建议

建议教师布置每个学生小组分别模拟完成多层钢框架结构安装工程质量验收的工作，确保每个学生都了解验收条目及验收方法，都能亲身体验验收过程，并做好验收记录，最后交由教师评估哪组学生的验收记录最规范，验收内容最准确。

单元 5

工程资料归档

任务 23　工程文件立卷

建设工程文件是指在工程建设过程中形成的各种形式的信息记录,包括工程准备阶段文件、监理文件、施工文件、竣工图和竣工验收文件;建设工程档案是指在工程建设活动中直接形成的具有归档保存价值的文字、图纸、图表、声像、电子文件等各种形式的历史记录。文件归档是指立档单位在其职能活动中形成的、办理完毕、应作为文书档案保存的各种纸质文件材料。遵循文件的形成规律,保持文件之间的有机联系,区分不同价值,便于保管和利用。

立卷是指按照一定的原则和方法,将有保存价值的文件分门别类整理成案卷,亦称组卷。

1. 工程文件的整理、归档、验收、移交工作

建设单位应按下列流程开展工程文件的整理、归档、验收、移交等工作:

(1) 在工程招标及与勘察、设计、施工、监理等单位签订协议和合同时,应明确竣工图的编制单位、工程档案的编制套数、编制费用及承担单位、工程档案的质量要求和移交时间等内容。

(2) 收集和整理工程准备阶段形成的文件,并进行立卷归档。

(3) 组织、监督和检查勘察、设计、施工、监理等单位的工程文件的形成、积累和立卷归档工作。

(4) 收集和汇总勘察、设计、施工、监理等单位立卷归档的工程档案。

(5) 收集和整理竣工验收文件,并进行立卷归档。

(6) 在组织工程竣工验收前,提请当地的城建档案管理机构对工程档案进行预验收;未取得工程档案验收认可文件,不得组织工程竣工验收。

(7) 对列入城建档案管理机构接收范围的工程,工程竣工验收后 3 个月内,应向当地城建档案管理机构移交一套符合规定的工程档案。

2. 立卷采用的方法

立卷应采用下列方法:

(1) 工程准备阶段文件应按建设程序、形成单位等进行立卷。

(2) 监理文件应按单位工程、分部工程或专业、阶段等进行立卷。

(3) 施工文件应按单位工程、分部(分项)工程进行立卷。

(4) 竣工图应按单位工程分专业进行立卷。

(5) 竣工验收文件应按单位工程分专业进行立卷。

23.1　教学目标

根据《建设工程文件归档整理规范》(GB/T 50328—2014)(以下简称《归档规范》)规定,按照下列流程学习完成立卷的过程:

(1) 对属于归档范围的工程文件进行分类,确定归入案卷的文件材料。

(2) 对卷内文件材料进行排列、编目、装订(或装盒)。

(3) 排列所有案卷,形成案卷目录。

学会将本实训项目的工程资料进行立卷,注意工程文件应按不同的形成、整理单位及建设程序,按工程准备阶段文件、监理文件、施工文件、竣工图、竣工验收文件分别进行立卷,并根据数量确定组成一卷或多卷,为资料归档做准备。

本单元实训内容主要是学习工程资料归档的流程及方法。

23.2　实训操作

第一步:对属于归档范围的本项目的工程文件进行分类,确定归入案卷的文件材料。根据《归档规范》的规定,建设工程文件归档范围应包括:工程准备阶段文件、监理文件、施工文件、竣工图、竣工验收文件五部分,具体的文件归档范围见《归档规范》附录 A。

第二步:对卷内文件材料进行排列、编目、装订(或装盒)。

1) 卷内文件排列

卷内文件应按《归档规范》附录 A 的类别和顺序排列;文字材料应按事项、专业顺序排列;同一事项的请示与批复、同一文件的印本与定稿、主体与附件不应分开,并应按批复在前、请示在后,印本在前、定稿在后,主体在前、附件在后的顺序排列;图纸应按专业排列,同专业图纸应按图号顺序排列;当案卷内既有文字材料又有图纸时,文字材料应排在前面,图

123

纸应排在后面。

2）案卷编目

（1）编制卷内文件页号，应符合下列规定：卷内文件均应按有书写内容的页面编号。每卷单独编号，页号从"1"开始。页号编写位置规定为单面书写的文件在右下角；双面书写的文件，正面在右下角，背面在左下角。折叠后的图纸一律在右下角。成套图纸或印刷成册的文件材料，自成一卷的，原目录可代替卷内目录，不必重新编写页码。案卷封面、卷内目录、卷内备考表不编写页号。

（2）编制卷内目录，应符合下列规定：卷内目录排列在卷内文件首页之前，式样宜符合《归档规范》附录C的要求。序号应以一份文件为单位编写，用阿拉伯数字从1依次标注。责任者应填写文件的直接形成单位或个人。有多个责任者时，应选择两个主要责任者，其余用"等"代替。文件编号应填写文件形成单位的发文号或图纸的图号，或设备、项目代号。文件题名应填写文件标题的全称。当文件无标题时，应根据内容拟写标题，拟写标题外应加"[]"符号。日期应填写文件的形成日期或文件的起止日期，竣工图应填写编制日期。日期中"年"应用四位数字表示，"月"和"日"应分别用两位数字表示。页次应填写文件在卷内所排的起始页号，最后一份文件应填写起止页号。备注应填写需要说明的问题。

（3）编制卷内备考表，应符合下列规定：卷内备考表应排列在卷内文件的尾页之后，式样宜符合《归档规范》附录D的要求，卷内备考表应标明卷内文件的总页数、各类文件页数或照片张数及立卷单位对案卷情况的说明；立卷单位的立卷人和审核人应在卷内备考表上签名，年、月、日应按立卷、审核时间填写。

（4）编制案卷封面，应符合下列规定：案卷封面应印刷在卷盒、卷夹的正表面，也可采用内封面形式。案卷封面的式样宜符合《归档规范》附录E的要求。案卷封面的内容应包括档号、案卷题名、编制单位、起止日期、密级、保管期限、本案卷所属工程的案卷总量、本案卷在该工程案卷总量中的排序。档号应由分类号、项目号和案卷号组成。档号由档案保管单位填写。案卷题名应简明、准确地揭示卷内文件的内容。编制单位应填写案卷内文件的形成单位或主要责任者。起止日期应填写案卷内全部文件形成的起止日期。保管期限应根据卷内文件的保存价值在永久保管、长期保管、短期保管三种保管期限中选择划定。当同一案卷内有不同保管期限的文件时，该案卷保管期限应从长。密级应在绝密、机密、秘密三个级别中选择划定。当同一案卷内有不同密级的文件时，应以高密级为本卷密级。

（5）编写案卷题名，应符合下列规定：建筑工程案卷题名应包括工程名称（含单位工程名称）、分部工程或专业名称及卷内文件概要等内容；当房屋建筑有地名管理机构批准的名称或正式名称时，应以正式名称为工程名称，建设单位名称可省略；必要时可增加工程地址内容；卷内文件概要应符合《归档规范》附录A中所列案卷内容（标题）的要求；外文资料的题名及主要内容应译成中文。

3）案卷装订与装具

案卷可采用装订与不装订两种形式。文字材料必须装订。装订时不应破坏文件的内容，并应保持整齐、牢固，便于保管和利用。案卷装具可采用卷盒、卷夹两种形式，并应符合下列规定：卷盒的外表尺寸应为 310 mm×220 mm，厚度可为 20 mm，30 mm，40 mm，50 mm。卷夹的外表尺寸应为 310 mm×220 mm，厚度宜为 20～30 mm。卷盒、卷夹应采用无酸纸制作。

第三步：排列所有案卷，形成案卷目录。案卷目录的编制应符合下列规定：案卷目录式样宜符合《归档规范》附录 G 的要求；编制单位应填写负责立卷的法人组织或主要责任者；编制日期应填写完成立卷工作的日期。

23.3　成绩评定

实训成绩评定表如表 23-1 所示。

表 23-1　　　　　　　　　　　　　　实训成绩评定表

任务目标				
考核内容		分值	评定等级	
类	项		学生自评	教师评价
实训掌握	规定了解	40		
实训成果	立卷分类	20		
	案卷排列	20		
	案卷编目	20		
权重			0.3	0.7
成绩评定				

23.4　思考题

（1）建设工程文件包括哪些内容？

（2）立卷应采用哪些方法？

（3）立卷流程可分为哪几个部分？

（4）案卷编目分为哪几个步骤？

（5）案卷目录的编制应符合哪些规定？

23.5 教学建议

建议教师采用角色扮演法,将学生分成若干个小组,每组 4～6 名学生,每个小组分别完成工程资料归档的实训任务。教师以小组为单位布置工程文件立卷的实训内容,每个小组都要完成一套完整的资料案卷,小组内的人员分工由组长安排,最后由教师验收案卷质量。

任务 24　工程文件归档

归档是指文件形成部门或形成单位完成其工作任务后,将形成的文件整理立卷后,按规定向本单位档案室或向城建档案管理机构移交的过程。

归档时间应符合下列规定:根据建设程序和工程特点,归档可分阶段分期进行,也可在单位或分部工程通过竣工验收后进行;勘察、设计单位应在任务完成后,施工、监理单位应在工程竣工验收前,将各自形成的有关工程档案向建设单位归档。

24.1　教学目标

对与工程建设有关的重要活动、记载工程建设主要过程和现状、具有保存价值的各种载体的文件,在收集齐全、整理立卷后,进行归档。

学会根据归档规范将归档范围内的文件进行收集归档。

24.2　实训操作

根据本实训项目内容及建筑工程文件归档范围表(表 24-1),逐项收集、检查归档文件。

表 24-1　　　　　　　建筑工程文件归档范围表(建筑与结构工程部分)

类别	归档文件	保存单位				
		建设单位	设计单位	施工单位	监理单位	城建档案馆
工程准备阶段文件(A 类)						
A1	立项文件					
1	项目建议书批复文件及项目建议书	▲				▲
2	可行性研究报告批复文件及可行性研究报告	▲				▲
3	专家论证意见、项目评估文件	▲				▲
4	有关立项的会议纪要、领导批示	▲				▲

（续表）

类别	归档文件	保存单位				
		建设单位	设计单位	施工单位	监理单位	城建档案馆
A2	建设用地、拆迁文件					
1	选址申请及选址规划意见通知书	▲				▲
2	建设用地批准书	▲				▲
3	拆迁安置意见、协议、方案等	▲				△
4	建设用地规划许可证及其附件	▲				▲
5	土地使用证明文件及其附件	▲				▲
6	建设用地钉桩通知单	▲				▲
A3	勘察、设计文件					
1	工程地质勘察报告	▲	▲			▲
2	水文地质勘察报告	▲	▲			▲
3	初步设计文件(说明书)	▲	▲			
4	设计方案审查意见	▲	▲			▲
5	人防、环保、消防等有关主管部门(对设计方案)审查意见	▲	▲			▲
6	设计计算书	▲	▲			△
7	施工图设计文件审查意见	▲	▲			▲
8	节能设计备案文件	▲				▲
A4	招投标文件					
1	勘察、设计招投标文件	▲	▲			
2	勘察、设计合同	▲	▲			▲
3	施工招投标文件	▲		▲	△	
4	施工合同	▲		▲	△	▲
5	工程监理招投标文件	▲			▲	
6	监理合同	▲			▲	▲
A5	开工审批文件					
1	建设工程规划许可证及其附件	▲		△	△	▲
2	建设工程施工许可证	▲		▲	▲	▲
A6	工程造价文件					
1	工程投资估算材料	▲				

（续表）

类别	归档文件	保存单位				
		建设单位	设计单位	施工单位	监理单位	城建档案馆
2	工程设计概算材料	▲				
3	招标控制价格文件	▲				
4	合同价格文件	▲		▲		△
5	结算价格文件	▲		▲		△
A7	工程建设基本信息					
1	工程概况信息表	▲		△		▲
2	建设单位工程项目负责人及现场管理人员名册	▲				▲
3	监理单位工程项目总监及监理人员名册	▲			▲	▲
4	施工单位工程项目经理及质量管理人员名册	▲		▲		▲
监理文件（B类）						
B1	监理管理文件					
1	监理规划	▲			▲	▲
2	监理实施细则	▲		△	▲	▲
3	监理月报	△			▲	
4	监理会议纪要	▲		△	▲	
5	监理工作日志				▲	
6	监理工作总结				▲	▲
7	工作联系单	▲		△	△	
8	监理工程师通知	▲		△	△	△
9	监理工程师通知回复单	▲		△	△	
10	工程暂停令	▲		△	△	▲
11	工程复工报审表	▲		▲	▲	▲
B2	进度控制文件					
1	工程开工报审表	▲		▲	▲	▲
2	施工进度计划报审表	▲		△	△	
B3	质量控制文件					
1	质量事故报告及处理资料	▲		▲	▲	▲
2	旁站监理记录	△		△	▲	
3	见证取样和送检人员备案表	▲		▲	▲	

类别	归档文件	保存单位				
		建设单位	设计单位	施工单位	监理单位	城建档案馆
4	见证记录	▲		▲	▲	
5	工程技术文件报审表			△		
B4	造价控制文件					
1	工程款支付	▲		△	△	
2	工程款支付证书	▲		△	△	
3	工程变更费用报审表	▲		△	△	
4	费用索赔申请表	▲		△	△	
5	费用索赔审批表	▲		△	△	
B5	工期管理文件					
1	工程延期申请表	▲		▲	▲	▲
2	工程延期审批表	▲			▲	▲
B6	监理验收文件					
1	竣工移交证书	▲		▲	▲	▲
2	监理资料移交书	▲			▲	
施工文件（C类）						
C1	施工管理文件					
1	工程概况表	▲		▲	▲	△
2	施工现场质量管理检查记录			△	△	
3	企业资质证书及相关专业人员岗位证书	△		△	△	△
4	分包单位资质报审表	▲		▲	▲	
5	建设单位质量事故勘察记录	▲		▲	▲	▲
6	建设工程质量事故报告书	▲		▲	▲	▲
7	施工检测计划	△		△	△	
8	见证试验检测汇总表	▲		▲	▲	▲
9	施工日志			▲		
C2	施工技术文件					
1	工程技术文件报审表	△		△	△	
2	施工组织设计及施工方案	△		△	△	△
3	危险性较大分部分项工程施工方案	△		△	△	△

（续表）

类别	归档文件	保存单位				
		建设单位	设计单位	施工单位	监理单位	城建档案馆
4	技术交底记录	△		△		
5	图纸会审记录	▲	▲	▲	▲	▲
6	设计变更通知单	▲	▲	▲	▲	▲
7	工程洽商记录(技术核定单)	▲	▲	▲	▲	▲
C3	进度造价文件					
1	工程开工报审表	▲	▲	▲	▲	▲
2	工程复工报审表	▲	▲	▲	▲	▲
3	施工进度计划报审表			△	△	
4	施工进度计划			△	△	
5	人、机、料动态表			△	△	
6	工程延期申请表	▲		▲	▲	▲
7	工程款支付申请表	▲		△	△	
8	工程变更费用报审表	▲		△	△	
9	费用索赔申请表	▲		△	△	
C4	施工物资出厂质量证明及进场检测文件					
	出厂质量证明文件及检测报告					
1	砂、石、砖、水泥、钢筋、隔热保温、防腐材料、轻骨料出厂证明文件	▲		▲	▲	△
2	其他物资出厂合格证、质量保证书、检测报告和报关单或商检证等	△		▲	△	
3	材料、设备的相关检验报告、型式检测报告、3C强制认证合格证书或3C标志	△		▲	△	
4	主要设备、器具的安装使用说明书	▲		▲	△	
5	进口的主要材料设备的商检证明文件	△		▲		
6	涉及消防、安全、卫生、环保、节能的材料、设备的检测报告或法定机构出具的有效证明文件	▲		▲	▲	△
7	其他施工物资产品合格证、出厂检验报告					
	进场检验通用表格					
1	材料、构(配)件进场检验记录			△	△	
2	设备开箱检验记录			△	△	

（续表）

类别	归档文件	保存单位				
		建设单位	设计单位	施工单位	监理单位	城建档案馆
3	设备及管道附件试验记录	▲		▲	△	
	进场复试报告					
1	钢材试验报告	▲		▲	▲	▲
2	水泥试验报告	▲		▲	▲	▲
3	砂试验报告	▲		▲	▲	▲
4	碎(卵)石试验报告	▲		▲	▲	▲
5	外加剂试验报告	△		▲	▲	▲
6	防水涂料试验报告	▲		▲	△	
7	防水卷材试验报告	▲		▲	△	
8	砖(砌块)试验报告	▲		▲	▲	▲
9	预应力筋复试报告	▲		▲	▲	▲
10	预应力锚具、夹具和连接器复试报告	▲		▲	▲	▲
11	装饰装修用门窗复试报告	▲		▲	△	
12	装饰装修用人造木板复试报告	▲		▲	△	
13	装饰装修用花岗石复试报告	▲		▲	△	
14	装饰装修用安全玻璃复试报告	▲		▲	△	
15	装饰装修用外墙面砖复试报告	▲		▲	△	
16	钢结构用钢材复试报告	▲		▲	▲	▲
17	钢结构用防火涂料复试报告	▲		▲	▲	▲
18	钢结构用焊接材料复试报告	▲		▲	▲	▲
19	钢结构用高强度大六角头螺栓连接副复试报告	▲		▲	▲	▲
20	钢结构用扭剪型高强螺栓连接副复试报告	▲		▲	▲	▲
21	幕墙用铝塑饭、石材、玻璃、结构胶复试报告	▲		▲	▲	▲
22	散热器、供服系统保温材料、通风与空调工程绝热材料、风机盘管机组、低压配电系统电缆的见证取样复试报告	▲		▲	▲	▲
23	节能工程材料复试报告	▲		▲	▲	▲
24	其他物资进场复试报告					
C5	施工记录文件					
1	隐蔽工程验收记录	▲		▲	▲	▲

（续表）

类别	归档文件	保存单位				
		建设单位	设计单位	施工单位	监理单位	城建档案馆
2	施工检查记录			△		
3	交接检查记录			△		
4	工程定位测量记录	▲		▲	▲	▲
5	基槽验线记录	▲		▲	▲	▲
6	楼层平面放线记录			△	△	△
7	楼层标高抄测记录			△	△	△
8	建筑物垂直度、标高观测记录	▲		▲	△	△
9	沉降观测记录	▲		▲	△	▲
10	基坑支护水平位移监测记录			△	△	
11	桩基、支护测量放线记录			△	△	
12	地基验槽记录	▲	▲	▲	▲	▲
13	地基钎探记录	▲		△	△	▲
14	混凝土浇灌申请书			△	△	
15	预拌混凝土运输单			△		
16	混凝土开盘鉴定			△	△	
17	混凝土拆模申请单			△		
18	混凝土预拌测温记录			△		
19	混凝土养护测温记录			△		
20	大体积混凝土养护测温记录			△		
21	大型构件吊装记录	▲		△	△	▲
22	焊接材料烘焙记录			△		
23	地下工程防水效果检查记录	▲		△	△	
24	防水工程试水检查记录	▲		△	△	
25	通风(烟)道、垃圾道检查记录	▲		△	△	
26	预应力筋张拉记录	▲		▲	△	▲
27	有黏结预应力筋结构灌浆记录	▲		▲	△	▲
28	钢结构施工记录	▲		▲	△	
29	网架(索膜)施工记录	▲		▲	△	▲
30	木结构施工记录	▲		▲	△	

133

（续表）

类别	归档文件	保存单位				
		建设单位	设计单位	施工单位	监理单位	城建档案馆
31	幕墙注胶检查记录	▲		▲	△	
32	自动扶梯、自动人行道的相邻区域检查记录	▲		▲	△	
33	电梯电气装置安装检查记录	▲		▲	△	
34	自动扶梯、自动人行道电气装置检查记录	▲		▲	△	
35	自动扶梯、自动人行道整机安装质量检查记录	▲		▲	△	
36	其他施工记录文件					
C6	施工试验记录及检测文件					
	通用表格					
1	设备单机试运转记录	▲		▲	△	△
2	系统试运转调试记录	▲		▲	△	△
3	接地电阻测试记录	▲		▲	△	△
4	绝缘电阻测试记录	▲		▲	△	△
	建筑与结构工程					
1	锚杆试验报告	▲		▲	△	△
2	地基承载力检验报告	▲		▲	△	▲
3	桩基检测报告	▲		▲	△	▲
4	土工击实试验报告	▲		▲	△	▲
5	回填土试验报告（应附图）	▲		▲	△	▲
6	钢筋机械连接试验报告	▲		▲	△	△
7	钢筋焊接连接试验报告	▲		▲	△	△
8	砂浆配合比申请书、通知单		△	△	△	△
9	砂浆抗压强度试验报告	▲		▲	△	▲
10	砌筑砂浆试块强度统计、评定记录	▲		▲		△
11	混凝土配合比申请书、通知单	▲		△	△	△
12	混凝土抗压强度试验报告	▲		▲	△	▲
13	混凝土试块强度统计、评定记录	▲		▲	△	△
14	混凝土抗渗试验报告	▲		▲	△	△
15	砂、石、水泥放射性指标报告	▲		▲	△	△
16	混凝土碱总量计算书	▲		▲	△	△

（续表）

类别	归档文件	保存单位				
		建设单位	设计单位	施工单位	监理单位	城建档案馆
17	外墙饰面砖样板粘结强度试验报告	▲		▲	△	△
18	后置埋件抗拔试验报告	▲		▲	△	△
19	超声波探伤报告、探伤记录	▲		▲	△	△
20	钢构件射线探伤报告	▲		▲	△	△
21	磁粉探伤报告	▲		▲	△	△
22	高强度螺栓抗滑移系数检测报告	▲		▲	△	△
23	钢结构焊接工艺评定			△		
24	网架节点承载力试验报告	▲		▲	△	△
25	钢结构防腐、防火涂料厚度检测报告	▲		▲	△	△
26	木结构胶缝试验报告	▲		▲	△	
27	木结构构件力学性能试验报告	▲		▲	△	△
28	木结构防护剂试验报告	▲		▲	△	△
29	幕墙双组分硅酮结构胶混匀性及拉断试验报告	▲		▲	△	△
30	幕墙的抗风压性能、空气渗透性能、雨水渗透性能及平面内变形性能检测报告	▲		▲	△	△
31	外门窗的抗风压性能、空气渗透性能和雨水渗透性能检测报告	▲		▲	△	△
32	墙体节能工程保温板材与基层粘结强度现场拉拔试验	▲		▲	△	△
33	外墙保温浆料同条件养护试件试验报告	▲		▲	△	△
34	结构实体混凝土强度验收记录	▲		▲	△	△
35	结构实体钢筋保护层厚度验收记录	▲		▲	△	△
36	围护结构现场实体检验	▲		▲	△	△
37	室内环境检测报告	▲		▲	△	△
38	节能性能检测报告	▲		▲	△	▲
39	其他建筑与结构施工试验记录与检测文件					
C7	施工质量验收文件					
1	检验批质量验收记录	▲		△	△	
2	分项工程质量验收记录	▲		▲	▲	
3	分部（子分部）工程质量验收记录	▲		▲	▲	▲

（续表）

类别	归档文件	保存单位				
		建设单位	设计单位	施工单位	监理单位	城建档案馆
4	建筑节能分部工程质量验收记录	▲		▲	▲	▲
5	自动喷水系统验收缺陷项目划分记录	▲		△	△	
6	程控电话交换系统分项工程质量验收记录	▲		▲	△	
7	会议电视系统分项工程质量验收记录	▲		▲	△	
8	卫星数字电视系统分项工程质量验收记录	▲		▲	△	
9	有线电视系统分项工程质量验收记录	▲		▲	△	
10	公共广播与紧急广播系统分项工程质量验收记录	▲		▲	△	
11	计算机网络系统分项工程质量验收记录	▲		▲	△	
12	应用软件系统分项工程质量验收记录	▲		▲	△	
13	网络安全系统分项工程质量验收记录	▲		▲	△	
14	空调与通风系统分项工程质量验收记录	▲		▲	△	
15	变配电系统分项工程质量验收记录	▲		▲	△	
16	公共照明系统分项工程质量验收记录	▲		▲	△	
17	给水排水系统分项工程质量验收记录	▲		▲	△	
18	热源和热交换系统分项工程质量验收记录	▲		▲	△	
19	冷冻和冷却水系统分项工程质量验收记录	▲		▲	△	
20	电梯和自动扶梯系统分项工程质量验收记录	▲		▲	△	
21	数据通信接口分项工程质量验收记录	▲		▲	△	
22	中央管理工作站及操作分站分项工程质量验收记录	▲		▲	△	
23	系统实时性、可维护性、可靠性分项工程质量验收记录	▲		▲	△	
24	现场设备安装及检测分项工程质量验收记录	▲		▲	△	
25	火灾自动报警及消防联动系统分项工程质量验收记录	▲		▲	△	
26	综合防范功能分项工程质量验收记录	▲		▲	△	
27	视频安防监控系统分项工程质量验收记录	▲		▲	△	
28	入侵报警系统分项工程质量验收记录	▲		▲	△	
29	出入口控制（门禁）系统分项工程质量验收记录	▲		▲	△	
30	巡更管理系统分项工程质量验收记录	▲		▲	△	

(续表)

类别	归档文件	保存单位				
		建设单位	设计单位	施工单位	监理单位	城建档案馆
31	停车场(库)管理系统分项工程质量验收记录	▲		▲	△	
32	安全防范综合管理系统分项工程质量验收记录	▲		▲	△	
33	综合布线系统安装分项工程质量验收记录	▲		▲	△	
34	综合布线系统性能检测分项工程质量验收记录	▲		▲	△	
35	系统集成网络连接分项工程质量验收记录	▲		▲	△	
36	系统数据集成分项工程质量验收记录	▲		▲	△	
37	系统集成整体协调分项工程质量验收记录	▲		▲		
38	系统集成综合管理及冗余功能分项工程质量验收记录	▲		▲	△	
39	系统集成可维护性和安全性分项工程质量验收记录	▲		▲	△	
40	电源系统分项工程质量验收记录	▲		▲	△	
41	其他施工质量验收文件					
C8	施工验收文件					
1	单位(子单位)工程竣工预验收报验表	▲		▲		▲
2	单位(子单位)工程质量竣工验收记录	▲	△	▲		▲
3	单位(子单位)工程质量控制质量核查记录	▲		▲		▲
4	单位(子单位)工程安全和功能检验资料核查及主要功能抽查记录	▲		▲		▲
5	单位(子单位)工程观感质量检测记录	▲		▲		▲
6	施工资料移交书	▲		▲		
7	其他施工验收文件					
	竣工图(D类)					
1	建筑竣工图	▲		▲		▲
2	结构竣工图	▲		▲		▲
3	钢结构竣工图	▲		▲		▲
4	幕墙竣工图	▲		▲		▲
5	室内装饰竣工图	▲		▲		▲
6	建筑给水排水及供暖竣工图	▲		▲		▲
7	建筑电气竣工图	▲		▲		▲

（续表）

类别	归档文件	保存单位				
		建设单位	设计单位	施工单位	监理单位	城建档案馆
8	智能建筑竣工图	▲		▲		▲
9	通风与空调竣工图	▲		▲		▲
10	室外工程竣工图	▲		▲		▲
11	规划红线内的室外给水、排水、供热、供电、照明管线等竣工图	▲		▲		▲
12	规划红线内的道路、园林绿化、喷灌设施等竣工图	▲		▲		▲
工程竣工验收文件（E类）						
E1	竣工验收与备案文件					
1	勘察单位工程质量检查报告	▲		△	△	▲
2	设计单位工程质量检查报告	▲	▲	△	△	▲
3	施工单位工程竣工报告	▲		▲	△	▲
4	监理单位工程质量评估报告	▲		△	▲	▲
5	工程竣工验收报告	▲	▲	▲	▲	▲
6	工程竣工验收会议纪要	▲	▲	▲	▲	▲
7	专家组竣工验收意见	▲	▲	▲	▲	▲
8	工程竣工验收证书	▲	▲	▲	▲	▲
9	规划、消防、环保、民防、防雷等部门出具的认可文件或准许使用文件	▲	▲	▲	▲	▲
10	房屋建筑工程质量保修书	▲		▲		▲
11	住宅质量保证书、住宅使用说明书	▲		▲		▲
12	建设工程竣工验收备案表	▲	▲	▲	▲	▲
13	建设工程档案预验收意见	▲		△		▲
14	城市建设档案移交书	▲				▲
E2	竣工决算文件					
1	施工决算文件	▲		▲		△
2	监理决算文件	▲			▲	△
E3	工程声像资料等					
1	开工前原貌、施工阶段、竣工新貌照片	▲		△	△	▲
2	工程建设过程的录音、录像资料（重大工程）	▲		△	△	▲
E4	其他工程文件					

注:表中符号"▲"表示必须归档保存;"△"表示选择性归档保存。

24.3 成绩评定

实训成绩评定表如表 24-2 所示。

表 24-2   实训成绩评定表

任务目标				
考核内容		分值	评定等级	
类	项		学生自评	教师评价
实训掌握	条目了解	30		
实训成果	材料收集	70		
权重			0.3	0.7
成绩评定				

24.4 思考题

（1）归档文件可分为哪几类内容？

（2）除表格所给之外，是否还有其他文件需要归档？

（3）列举工程中有哪些不需要归档的文件？

（4）电子媒体类文件如何收纳？

24.5 教学建议

本节实训内容主要是掌握建筑工程文件的归档范围，要求学生逐项收集、检查本实训项目需要归档的工程文件。建议教师仍然按已分好的小组为单位，每个小组分别完成归档文件的收集、检查工作，最后由教师验收。

任务 25　工程档案验收与移交

列入城建档案管理机构档案接收范围的工程,竣工验收前,城建档案管理机构应对工程档案进行预验收。

列入城建档案管理机构接收范围的工程,建设单位在工程竣工验收后 3 个月内,必须向城建档案管理机构移交一套符合规定的工程档案。

当建设单位向城建档案管理机构移交工程档案时,应提交移交案卷目录,办理移交手续,双方签字、盖章后方可交接。

25.1　教学目标

城建档案管理机构在进行工程档案预验收时,应查验下列主要内容:

(1) 工程档案齐全、系统、完整,全面反映工程建设活动和工程实际状况。

(2) 工程档案已整理立卷,立卷符合本规范的规定。

(3) 竣工图的绘制方法、图式及规格等符合专业技术要求,图面整洁,盖有竣工图章。

(4) 文件的形成、来源符合实际,要求单位或个人签章的文件,其签章手续完备。

(5) 文件的材质、幅面、书写、绘图、用墨、托裱等符合要求。

(6) 电子档案格式、载体等符合要求。

(7) 声像档案内容、质量、格式符合要求。

根据归档规范,学习模拟本实训项目工程档案的预验收过程,并学会办理相关移交手续,填写移交书、移交目录。

25.2　实训操作

第一步:根据归档规范,模拟城建档案管理机构进行工程档案预验收时应查验的主要内容,完成对本实训项目工程档案的模拟预验收。

第二步:根据本实训项目内容及教师提供的相关资料,填写城市建设档案移交目录、资料管理通用目录及城市建设档案移交书等相关移交手续。

以下文件的格式包括工程档案验收与移交中常需要使用的表格文件格式,包括城市建设档案移交目录(图 25-1)、资料管理通用目录(图 25-2)、城市建设档案移交书(图 25-3)等。

城市建设档案移交目录

序号	工程项目名称	案卷题名	形成年代	数量						备注
				文字材料		图样材料		综合卷		
				册	张	册	张	册	张	

图 25-1 城市建设档案移交目录

资料管理通用目录

工程名称		资料类别			
序号	内容摘要	编制单位	日期	资料编号	备注

图 25-2　资料管理通用目录

城市建设档案移交书

编号：

_____向_____移交_____工程档案资料共计_____卷（盒）。其中：文字材料_____卷（盒），图纸_____卷（盒），图纸_____张，其他材料_____卷（盒）。

附：本工程建设档案目录一式三份，共　　张。

移交单位：　　　　　　　　　接收单位：

单位负责人：　　　　　　　　单位负责人：

移交人：　　　　　　　　　　接收人：

移交日期：　　年　　月　　日

说明：1. 此移交书作为城建档案馆接收工程档案资料的凭证。

2. 此移交书一式两份，一份由建设单位留存，一份由城建档案馆留存。

图 25-3　城市建设档案移交书

25.3　成绩评定

实训成绩评定表如表 25-1 所示。

表 25-1　　　　　　　　　　实训成绩评定表

任务目标				
考核内容		分值	评定等级	
类	项		学生自评	教师评价
实训掌握	移交流程了解	40		
实训成果	移交目录	30		
	移交书	30		
权重			0.3	0.7
成绩评定				

25.4　思考题

（1）预验收指的是什么？

（2）预验收时，应查验哪些主要内容？

（3）资料移交是由哪个单位移交给哪个单位？

（4）资料移交需要办理哪些手续？

（5）资料管理通用目录与立卷目录有什么区别？

25.5　教学建议

建议教师以小组为单位布置档案验收与移交的实训内容，采用角色扮演法，小组中组员分别扮演建设单位和城建档案管理机构等，模拟实际档案验收与移交的程序，学习完成本实训项目的档案验收与移交工作。

附 录 A

招标文件

××市××职业技术学院办公楼（项目名称）施工招标

招标文件

招标人：　××市××职业技术学院　（盖单位章）

　二〇一〇　年　七　月　五　日

目　录

第一章　招标公告

1. 招标条件

本招标项目　××市××职业技术学院办公楼　已由　××市发改委　以　〔2010〕150号　批准建设,项目业主为　××职业技术学院　,建设资金来自　业主自筹　,项目出资比例为　100％　,招标人为　××职业技术学院　。项目已具备招标条件,现对该项目施工进行公开招标。

2. 项目概况与招标范围

2.1　项目概况:本工程位于××市××区××镇,建筑总占地面积约为 182 m²,建筑总面积约为 547 m²,工程造价约为×××万元,计划工期为 150 日历天。

2.2　招标范围:施工图所示的建设用地范围线以内的所有工程(具体内容详见工程预算书)。

3. 投标人资格要求

本次招标要求投标人须具备　建设行政主管部门颁发的房屋建筑工程施工总承包贰级及以上　资质,并在人员、设备、资金等方面具有相应的施工能力。

4. 招标文件的获取

4.1　凡有意参加投标者,请于　2010　年　7　月　10　日至　2010　年　7　月　17　日,每日上午　8　时至　11　时,下午　13　时至　17　时(北京时间,下同),在　××镇招投标服务中心(加详细地址)持单位介绍信购买招标文件。

4.2　招标文件每套售价　300　元,售后不退。图纸资料押金　50　元,在退还图纸资料时退还(不计利息)。

4.3　邮购招标文件的,需另加手续费(含邮费)　15　元。招标人在收到单位介绍信和邮购款(含手续费)后　1　日内寄送。

5. 投标文件的递交

5.1　投标文件递交的截止时间(投标截止时间,下同)为　2010　年　7　月　19　日　10　时　30　分,地点为××镇招投标服务中心开标室 1　。

5.2　逾期送达的或者未送达指定地点的投标文件,招标人不予受理。

6. 发布公告的媒介

本次招标公告同时在　××市建设项目及招标网(具体网址)、××市建设工程信息网(具体网址)　(发布公告的媒介名称)上发布。

7. 联系方式

招标人:　××市××职业技术学院　　招标代理机构:　××市××招标代理有限公司

地　址：<u>××市××区××镇××号</u>　　　地　址：<u>××市××区××路××号××大厦</u>

联系人：<u>××先生</u>　　　　　　　　联系人：<u>××女士</u>

电　话：<u>×××××××××</u>　　　　电　话：<u>×××××××××</u>

<u>2010</u>　年　<u>7</u>　月　<u>10</u>　日

第二章　投标人须知

一、投标人须知前附表

此表是对本章投标人须知正文相应条款的具体约定、补充和修改,不一致的以此表为准。

条款号	条款名称	编列内容
1.1.2	招标人	名称:××市××职业技术学院 地址:××市××区××镇××号 联系人:××先生 电话:×××××××××
1.1.3	招标代理机构	名称:××市××招标代理有限公司 地址:××市××区××路××号××大厦 联系人:××女士 电话:×××××××××
1.1.4	项目名称	××市××职业技术学院办公楼
1.1.5	建设地点	××市××区××镇××地段
1.2.1	资金来源及比例	业主自筹、100％
1.2.2	资金落实情况	已落实
1.3.1	招标范围	××市××职业技术学院办公楼工程的建设,建筑总占地面积约为182 m²,建筑总面积约为547 m²,工程造价约为×××万元,招标范围是施工图所示的建设用地范围线以内的所有工程(具体内容详见工程预算书)
1.3.2	计划工期	计划工期:<u>150</u>日历天 计划开工日期:<u>××</u>年<u>××</u>月<u>××</u>日(以合同签订时间为准) 计划竣工日期:<u>××</u>年<u>××</u>月<u>××</u>日
1.3.3	质量要求	符合国家现行有关施工质量验收规范标准,并达到合格标准

(续表)

条款号	条款名称	编列内容
1.4.1	投标人资质条件、能力	本工程施工招标实行资格后审,投标人应具备以下资格条件: (1) 资质条件:具备建设行政主管部门颁发的房屋建筑工程施工总承包贰级及以上资质。 (2) 项目经理(建造师,下同)资格:项目经理应具有贰级及以上注册建造师执业资格,中级技术职称。 (3) 财务要求:企业近三年的经审计的财务报表无亏损。 (4) 业绩要求:投标人 2006 年以来实施过 1 项单项造价在××万元以上且单体建筑面积不低于××m² 的房屋建筑总承包施工工程,且工程质量合格。 (5) 其他要求:××××××
1.9.1	踏勘现场	□ 不组织,投标人自行踏勘,招标人予以支持。 □ 组织,踏勘时间: 　　　　踏勘集中地点:
1.10.1	投标预备会	□ 不召开 □ 召开,召开时间: 　　　　召开地点:
1.10.2	投标人提出问题的截止时间	质疑时间:2010 年 7 月 13 日 24:00 前投标人以匿名方式上传质疑问题至××市××网(具体网址)。
1.10.3	招标人书面澄清的时间	答疑及澄清时间:2010 年 7 月 18 日之后投标人在××市××网(具体网址)项目答疑公布中点击"查看答复"直接下载
1.11	偏离	□ 不允许 □ 允许
2.1	构成招标文件的其他材料	招标方(招标人或招标代理机构)发出的答疑及补遗书
2.2.1	投标人要求澄清招标文件的截止时间	投标人在获取招标文件后,应仔细检查招标文件的所以内容,如有残缺或文字表述不清,图纸尺寸标注不明以及存在错、漏、缺、概念模糊和有可能出现歧义的内容等,应在 2010 年 7 月 13 日 24:00 前通过××市××网(具体网址)向招标人提出质疑
2.2.2	投标截止时间	2010 年 7 月 19 日 10 时 30 分
2.2.3	投标人确认收到招标文件澄清的时间	自行网上下载
2.3.2	投标人确认收到招标文件修改的时间	自行网上下载
3.1.1	构成投标文件的其他材料	投标人的书面澄清、说明和补充(但不得改变投标文件的实质性内容)
3.2.3	最高投标限价或其计算方法	……

（续表）

条款号	条 款 名 称	编 列 内 容
3.3.1	投标有效期	90 日历天（从提交投标文件截止日起计算）
3.4.1	投标保证金	□ 不要求递交投标保证金 □ 要求递交投标保证金 (1) 投标保证金的形式：投标保证金递交形式由投标单位从基本账户转账或电汇。 (2) 投标保证金的金额：本工程招标要求投标人递交投标保证金：人民币×××万元。 递交时间：于 2010 年 7 月 18 日 17：00 时前向指定账户缴纳，投标人进账时须注明项目名称，并妥善保管进账单原件以备开标查验，否则视为自动放弃投标。 收款单位：××××× 开户行：××××× 账户：××××× 联系人：××××× 联系电话：×××××
3.5.2	近年财务状况的年份要求	3 年（2007—2009 年）
3.5.3	近年完成的类似项目的年份要求	2006 年 1 月 1 日至今
3.6.3	签字或盖章要求	按本章投标人须知 3.6.3 款执行
3.6.4	投标文件副本份数	投标文件副本 2 份，电子文档 1 份
3.6.5	装订要求	本工程投标文件包括投标函部分、商务部分、资格审查资料三部分，各自分别装订成册
4.1.2	封套上应载明的信息	招标人地址： 招标人名称： ＿＿＿＿＿＿（项目名称）投标文件 在＿＿＿年＿＿月＿＿日＿＿时＿＿分前不得开启
4.2.2	递交投标文件地点	上海市公共资源交易中心接标处（具体地址）
4.2.3	是否退还投标文件	□ 否 □ 是
5.1	开标时间和地点	开标时间：同投标截止时间 开标地点：××市公共资源交易中心开标室（具体地址）
5.2	开标程序	密封情况检查：招标人检查投标文件是否按本须知 4.1.1 的规定密封，如发现没按规定密封，则当众原封退还； 开标顺序：随机开启
6.1.1	评标委员会的组建	评标委员会构成：＿7＿人，其中招标人代表＿2＿人，专家＿5＿人； 评标专家确定方式：在××市综合评标专家库中随机抽取

(续表)

条款号	条 款 名 称	编 列 内 容
7.1	是否授权评标委员会确定中标人	□ 是 □ 否,推荐的中标候选人数:3 人
7.2	中标候选人公示媒介	
7.4.1	履约担保	(1) 履约担保的形式:以履约保函方式提交;履约保函格式以第四章"合同条款及格式"的附件二"履约担保格式"为准。 (2) 履约担保的金额:履约担保金额为合同总价的 10%
9		需要补充的其他内容
10	电子招标投标	□ 否 □ 是,具体要求:
……		……

二、投标人须知正文

1. 总则

1.1 项目概况

1.1.1　根据《中华人民共和国招标投标法》等有关法律、法规和规章的规定,本招标项目已具备招标条件,现对本项目施工进行招标。

1.1.2　本招标项目招标人:见投标人须知前附表。

1.1.3　本招标项目招标代理机构:见投标人须知前附表。

1.1.4　本招标项目名称:见投标人须知前附表。

1.1.5　本招标项目建设地点:见投标人须知前附表。

1.2 资金来源和落实情况

1.2.1　本招标项目的资金来源及出资比例:见投标人须知前附表。

1.2.2　本招标项目的资金落实情况:见投标人须知前附表。

1.3 招标范围、计划工期、质量要求

1.3.1　本次招标范围:见投标人须知前附表。

1.3.2　本招标项目的计划工期:见投标人须知前附表。

1.3.3　本招标项目的质量要求:见投标人须知前附表。

1.4 投标人资格要求

1.4.1　投标人应具备承担本项目施工的资质条件、能力和信誉。

(1) 资质条件:见投标人须知前附表;

(2) 项目经理资格:见投标人须知前附表;

（3）财务要求：见投标人须知前附表；

（4）业绩要求：见投标人须知前附表；

（5）其他要求：见投标人须知前附表。

1.4.2 投标人不得存在下列情形之一：

（1）为招标人不具有独立法人资格的附属机构（单位）；

（2）为本招标项目前期准备提供设计或咨询服务的；

（3）为本招标项目的监理人；

（4）为本招标项目的代建人；

（5）为本招标项目提供招标代理服务的；

（6）与本招标项目的监理人或代建人或招标代理机构同为一个法定代表人的；

（7）与本招标项目的监理人或代建人或招标代理机构相互控股或参股的；

（8）与本招标项目的监理人或代建人或招标代理机构相互任职或工作的；

（9）被责令停业的；

（10）被暂停或取消投标资格的；

（11）财产被接管或冻结的；

（12）在最近三年内有骗取中标或严重违约或重大工程质量问题的。

1.4.3 单位负责人为同一人或者存在控股、管理关系的不同单位，不得同时参加本招标项目投标。

1.5 费用承担

投标人准备和参加投标活动发生的费用自理。

1.6 保密

参与招标投标活动的各方应对招标文件和投标文件中的商业和技术等秘密保密，违者应对由此造成的后果承担法律责任。

1.7 语言文字

招标投标文件使用的语言文字为中文。专用术语使用外文的，应附有中文注释。

1.8 计量单位

所有计量均采用中华人民共和国法定计量单位。

1.9 踏勘现场

1.9.1 投标人须知前附表规定组织踏勘现场的，招标人按投标人须知前附表规定的时间、地点组织投标人踏勘项目现场。

1.9.2 投标人踏勘现场发生的费用自理。

1.9.3 除招标人的原因外，投标人自行负责在踏勘现场中所发生的人员伤亡和财产损失。

1.9.4 招标人在踏勘现场中介绍的工程场地和相关的周边环境情况，供投标人在编制投标文件时参考，招标人不对投标人据此作出的判断和决策负责。

1.10 投标预备会

1.10.1 投标人须知前附表规定召开投标预备会的,招标人按投标人须知前附表规定的时间和地点召开投标预备会,澄清投标人提出的问题。

1.10.2 投标人应在投标人须知前附表规定的时间前,以书面形式将提出的问题送达招标人,以便招标人在会议期间澄清。

1.10.3 投标预备会后,招标人在投标人须知前附表规定的时间内,将对投标人所提问题的澄清,以书面形式通知所有购买招标文件的投标人。该澄清内容为招标文件的组成部分。

1.11 偏离

投标人须知前附表允许投标文件偏离招标文件某些要求的,偏离应当符合招标文件规定的偏离范围和幅度。

2. 招标文件

2.1 招标文件的组成

2.1.1 本招标文件包括:

(1) 招标公告(或投标邀请书);

(2) 投标人须知;

(3) 评标办法;

(4) 合同条款及格式;

(5) 工程量清单;

(6) 图纸;

(7) 技术标准和要求;

(8) 投标文件格式;

(9) 投标人须知前附表规定的其他材料。

2.1.2 根据本章第1.10款、第2.2款和第2.3款对招标文件所作的澄清、修改,构成招标文件的组成部分。

2.2 招标文件的澄清

2.2.1 投标人应仔细阅读和检查招标文件的全部内容。如发现缺页或附件不全,应及时向招标人提出,以便补齐。如有疑问,应在投标人须知前附表规定的时间前以书面形式(包括信函、电报、传真等可以有形地表现所载内容的形式,下同),要求招标人对招标文件予以澄清。

2.2.2 招标文件的澄清将以书面形式发给所有购买招标文件的投标人,但不指明澄清问题的来源。如果澄清发出的时间距投标人须知前附表规定的投标截止时间不足15天,并且澄清内容影响投标文件编制的,将相应延长投标截止时间。

2.2.3 投标人在收到澄清后,应在投标人须知前附表规定的时间内以书面形式通知招标人,确认已收到该澄清。

2.3 招标文件的修改

2.3.1 招标人可以书面形式修改招标文件,并通知所有已购买招标文件的投标人。但如果修改招标文件的时间距投标截止时间不足 15 天,并且修改内容影响投标文件编制的,将相应延长投标截止时间。

2.3.2 投标人收到修改内容后,应在投标人须知前附表规定的时间内以书面形式通知招标人,确认已收到该修改。

3. 投标文件

3.1 投标文件的组成

投标文件应包括下列内容:

(1)投标函及投标函附录;

(2)法定代表人身份证明或附有法定代表人身份证明的授权委托书;

(3)投标保证金;

(4)已标价工程量清单;

(5)施工组织设计;

(6)项目管理机构;

(7)资格审查资料;

(8)投标人须知前附表规定的其他材料。

3.2 投标报价

3.2.1 投标人应按第五章"工程量清单及图纸"的要求填写相应表格。

3.2.2 投标人在投标截止时间前修改投标函中的投标报价总额,应同时修改"已标价工程量清单"中的相应报价,投标报价总额为各分项金额之和。此修改须符合第 4.3 款的有关要求。

3.2.3 招标人设有最高投标限价的,投标人的投标报价不得超过最高投标限价,最高投标限价或其计算方法在投标人须知前附表中载明。

3.3 投标有效期

3.3.1 除投标人须知前附表另有规定外,投标有效期为 60 天。

3.3.2 在投标有效期内,投标人撤销或修改其投标文件的,应承担招标文件和法律规定的责任。

3.3.3 出现特殊情况需要延长投标有效期的,招标人以书面形式通知所有投标人延长投标有效期。投标人同意延长的,应相应延长其投标保证金的有效期,但不得要求或被允许修改或撤销其投标文件;投标人拒绝延长的,其投标失效,但投标人有权收回其投标保证金。

3.4 投标保证金

3.4.1 投标人须知前附表规定递交投标保证金的,投标人在递交投标文件的同时,应按投标人须知前附表规定的金额、担保形式和"投标文件格式"规定的或者事先经过招标人认可的投标保证金格式递交投标保证金,并作为其投标文件的组成部分。

3.4.2 投标人不按本章第 3.4.1 项要求提交投标保证金的,评标委员会将否决其投标。

3.4.3 招标人与中标人签订合同后 5 日内,向未中标的投标人和中标人退还投标保证金及同期银行存款利息。

3.4.4 有下列情形之一的,投标保证金将不予退还:

(1) 投标人在规定的投标有效期内撤销或修改其投标文件;

(2) 中标人在收到中标通知书后,无正当理由拒签合同协议书或未按招标文件规定提交履约担保。

3.5 资格审查资料

3.5.1 "投标人基本情况表"应附投标人营业执照及其年检合格的证明材料、资质证书副本和安全生产许可证等材料的复印件。

3.5.2 "近年财务状况表"应附经会计师事务所或审计机构审计的财务会计报表,包括资产负债表、现金流量表、利润表和财务情况说明书等复印件,具体年份要求见投标人须知前附表。

3.5.3 "近年完成的类似项目情况表"应附中标通知书和(或)合同协议书、工程接收证书(工程竣工验收证书)复印件,具体年份要求见投标人须知前附表。每张表格只填写一个项目,并标明序号。

3.5.4 "正在施工和新承接的项目情况表"应附中标通知书和(或)合同协议书复印件。每张表格只填写一个项目,并标明序号。

3.6 投标文件的编制

3.6.1 投标文件应按"投标文件格式"进行编写,如有必要,可以增加附页,作为投标文件的组成部分。其中,投标函附录在满足招标文件实质性要求的基础上,可以提出比招标文件要求更有利于招标人的承诺。

3.6.2 投标文件应当对招标文件有关工期、投标有效期、质量要求、技术标准和要求、招标范围等实质性内容作出响应。

3.6.3 投标文件应用不褪色的材料书写或打印,并由投标人的法定代表人或其委托代理人签字或盖单位章。委托代理人签字的,投标文件应附法定代表人签署的授权委托书。投标文件应尽量避免涂改、行间插字或删除。如果出现上述情况,改动之处应加盖单位章或由投标人的法定代表人或其授权的代理人签字确认。签字或盖章的具体要求见投标人须知前附表。

3.6.4 投标文件正本一份,副本份数见投标人须知前附表。正本和副本的封面上应清楚地标记"正本"或"副本"的字样。当副本和正本不一致时,以正本为准。

3.6.5 投标文件的正本与副本应分别装订成册,具体装订要求见投标人须知前附表规定。

4. 投标

4.1 投标文件的密封和标记

4.1.1 投标文件应进行包装、加贴封条,并在封套的封口处加盖投标人单位章。

4.1.2 投标文件封套上应写明的内容见投标人须知前附表。

4.1.3 未按本章第 4.1.1 项或第 4.1.2 项要求密封和加写标记的投标文件,招标人应予拒收。

4.2 投标文件的递交

4.2.1 投标人应在本章第 2.2.2 项规定的投标截止时间前递交投标文件。

4.2.2 投标人递交投标文件的地点:见投标人须知前附表。

4.2.3 除投标人须知前附表另有规定外,投标人所递交的投标文件不予退还。

4.2.4 招标人收到投标文件后,向投标人出具签收凭证。

4.2.5 逾期送达的或者未送达指定地点的投标文件,招标人不予受理。

4.3 投标文件的修改与撤回

4.3.1 在本章第 2.2.2 项规定的投标截止时间前,投标人可以修改或撤回已递交的投标文件,但应以书面形式通知招标人。

4.3.2 投标人修改或撤回已递交投标文件的书面通知应按照本章第 3.6.3 项的要求签字或盖章。招标人收到书面通知后,向投标人出具签收凭证。

4.3.3 投标人撤回投标文件的,招标人自收到投标人书面撤回通知之日起 5 日内退还已收取的投标保证金。

4.3.4 修改的内容为投标文件的组成部分。修改的投标文件应按照本章第 3 条、第 4 条规定进行编制、密封、标记和递交,并标明"修改"字样。

5. 开标

5.1 开标时间和地点

招标人在本章第 2.2.2 项规定的投标截止时间(开标时间)和投标人须知前附表规定的地点公开开标,并邀请所有投标人的法定代表人或其委托代理人准时参加。

5.2 开标程序

主持人按下列程序进行开标:

(1)宣布开标纪律;

(2)公布在投标截止时间前递交投标文件的投标人名称,并点名确认投标人是否派人到场;

（3）宣布开标人、唱标人、记录人、监标人等有关人员姓名；

（4）按照投标人须知前附表规定检查投标文件的密封情况；

（5）按照投标人须知前附表的规定确定并宣布投标文件开标顺序；

（6）设有标底的，公布标底；

（7）按照宣布的开标顺序当众开标，公布投标人名称、投标保证金的递交情况、投标报价、质量目标、工期及其他内容，并记录在案；

（8）规定最高投标限价计算方法的，计算并公布最高投标限价；

（9）投标人代表、招标人代表、监标人、记录人等有关人员在开标记录上签字确认；

（10）开标结束。

5.3　开标异议

投标人对开标有异议的，应当在开标现场提出，招标人当场作出答复，并制作记录。

6. 评标

6.1　评标委员会

6.1.1　评标由招标人依法组建的评标委员会负责。评标委员会由招标人或其委托的招标代理机构熟悉相关业务的代表，以及有关技术、经济等方面的专家组成。评标委员会成员人数以及技术、经济等方面专家的确定方式见投标人须知前附表。

6.1.2　评标委员会成员有下列情形之一的，应当回避：

（1）投标人或投标人主要负责人的近亲属；

（2）项目主管部门或者行政监督部门的人员；

（3）与投标人有经济利益关系；

（4）曾因在招标、评标以及其他与招标投标有关活动中从事违法行为而受过行政处罚或刑事处罚的；

（5）与投标人有其他利害关系。

6.2　评标原则

评标活动遵循公平、公正、科学和择优的原则。

6.3　评标

评标委员会按照第三章"评标办法"规定的方法、评审因素、标准和程序对投标文件进行评审。第三章"评标办法"没有规定的方法、评审因素和标准，不作为评标依据。

7. 合同授予

7.1　定标方式

除投标人须知前附表规定评标委员会直接确定中标人外，招标人依据评标委员会推荐的中标候选人确定中标人，评标委员会推荐中标候选人的人数见投标人须知前附表。

7.2　中标候选人公示

招标人在投标人须知前附表规定的媒介公示中标候选人。

7.3　中标通知

在本章第3.3款规定的投标有效期内,招标人以书面形式向中标人发出中标通知书,同时将中标结果通知未中标的投标人。

7.4　履约担保

7.4.1　在签订合同前,中标人应按投标人须知前附表规定的担保形式和招标文件第四章"合同条款及格式"规定的或者事先经过招标人书面认可的履约担保格式向招标人提交履约担保。除投标人须知前附表另有规定外,履约担保金额为中标合同金额的10%。

7.4.2　中标人不能按本章第7.4.1项要求提交履约担保的,视为放弃中标,其投标保证金不予退还,给招标人造成的损失超过投标保证金数额的,中标人还应当对超过部分予以赔偿。

7.5　签订合同

7.5.1　招标人和中标人应当自中标通知书发出之日起30天内,根据招标文件和中标人的投标文件订立书面合同。中标人无正当理由拒签合同的,招标人取消其中标资格,其投标保证金不予退还;给招标人造成的损失超过投标保证金数额的,中标人还应当对超过部分予以赔偿。

7.5.2　发出中标通知书后,招标人无正当理由拒签合同的,招标人向中标人退还投标保证金;给中标人造成损失的,还应当赔偿损失。

8. 纪律和监督

8.1　对招标人的纪律要求

招标人不得泄漏招标投标活动中应当保密的情况和资料,不得与投标人串通损害国家利益、社会公共利益或者他人合法权益。

8.2　对投标人的纪律要求

投标人不得相互串通投标或者与招标人串通投标,不得向招标人或者评标委员会成员行贿谋取中标,不得以他人名义投标或者以其他方式弄虚作假骗取中标;投标人不得以任何方式干扰、影响评标工作。

8.3　对评标委员会成员的纪律要求

评标委员会成员不得收受他人的财物或者其他好处,不得向他人透漏对投标文件的评审和比较、中标候选人的推荐情况以及评标有关的其他情况。在评标活动中,评标委员会成员应当客观、公正地履行职责,遵守职业道德,不得擅离职守,影响评标程序正常进行,不得使用第三章"评标办法"没有规定的评审因素和标准进行评标。

8.4　对与评标活动有关的工作人员的纪律要求

与评标活动有关的工作人员不得收受他人的财物或者其他好处,不得向他人透漏对投标文件的评审和比较、中标候选人的推荐情况以及评标有关的其他情况。在评标活动中,与评标活动有关的工作人员不得擅离职守,影响评标程序正常进行。

8.5 投诉

投标人和其他利害关系人认为本次招标活动违反法律、法规和规章规定的，有权向有关行政监督部门投诉。

9. 需要补充的其他内容

需要补充的其他内容：见投标人须知前附表。

10. 电子招标投标

采用电子招标投标，对投标文件的编制、密封和标记、递交、开标、评标等的具体要求，见投标人须知前附表。

第三章 评标办法（综合评估法）

一、评标办法前附表

此表是对本章评标办法正文相应条款的具体约定、补充和修改，不一致的以此表为准。

条款号		评审因素	评审标准
2.1.1	形式评审标准	投标人名称	与营业执照、资质证书、安全生产许可证一致
		投标函签字盖章	有法定代表人或其委托代理人签字或加盖单位章
		投标文件格式	符合第八章"投标文件格式"的要求，字迹清晰可辨(1)投标函附录的所以数据均符合招标文件的规定；(2)投标文件附录齐全完整，内容均按规定填写；(3)按规定提供了拟投入的主要人员的证件复印件
		报价唯一	只能有一个有效报价，在招标文件没有规定的情况下，不得提交选择性报价
		投标文件的签署	投标文件上法定代表人或其授权代理人的签字齐全
		委托代理人	投标人法定代表人的委托代理人有法定代表人签署的授权委托书，且其授权委托书符合招标文件规定的格式
		其他	……
2.1.2	资格评审标准	营业执照	具备有效的营业执照
		安全生产许可证	具备有效的安全生产许可证，企业主要负责人、拟担任该项目负责人和专职安全生产管理人员具备相应的安全生产考核合格证书
		资质等级	符合"投标人须知"第1.4.1项规定

160

条款号	评审因素	评审标准
2.1.3	响应性评审标准	项目经理	符合"投标人须知"第1.4.1项规定
		财务要求	符合"投标人须知"第1.4.1项规定
		业绩要求	符合"投标人须知"第1.4.1项规定
		其他要求	符合"投标人须知"第1.4.1项规定
		……	……
		投标报价	符合"投标人须知"第3.2.3项规定
		投标内容	符合"投标人须知"第1.3.1项规定
		工期	符合"投标人须知"第1.3.2项规定
		工程质量	符合"投标人须知"第1.3.3项规定
		投标有效期	符合"投标人须知"第3.3.1项规定
		投标保证金	符合"投标人须知"第3.4.1项规定,并符合下列要求:(1)投标保证金为无条件担保;(2)投标保证金的受益人名称与招标人规定的受益人一致;(3)投标保证金的金额符合招标文件规定的金额;(4)投标保证金有效期为投标有效期加30天
		权利义务	符合"合同条款及格式"规定,投标文件不应附有招标人不能接受的条件
		已标价工程量清单	符合"工程量清单"给出的范围及数量,且投标报价不得高于招标人公布的最高限价,但也不得低于投标人的企业成本
		技术标准和要求	符合"技术标准和要求"规定,且投标文件中载明的主要施工技术和方法及质量检验标准符合国家规范、规程和强制性标准
		实质性要求	符合招标文件中规定的其他实质性要求

条款号	条款内容	编列内容
2.2.1	分值构成 (总分100分)	施工组织设计评审采用符合性评审,不得评分: (1)施工组织设计: 0 分 (2)项目管理机构: 10 分 (3)投标报价: 90 分 ① 投标总报价60分(投标总报价控制价开标前3天公布);②主要清单项目10项,总分30分,每一项主要清单项目综合单价3分。由招标人设定20项主要清单,投标人在开标现场随机抽取其中10项进行评分。(招标人设定20项主要清单控制价,并于开标前三天公布,各投标人的20项主要清单报价均不得超出主要清单控制价,否则投标无效) (4)其他评分因素: 0 分

（续表）

条款号	条款内容	编列内容
2.2.2	评标基准价计算方法	投标总报价、主要清单项目综合单价的评标基准价:投标总报价评标基准价——在所有不高于最高限价且通过资格审查的投标报价中去掉六分之一(不能整除的按小数点前整数取整,不足六家报价则不去掉)
2.2.3	投标报价的偏差率计算公式	偏差率＝100％×(投标人报价－评标基准价)/评标基准价

条款号		评分因素	评分标准
2.2.4 (1)	施工组织设计评分标准	内容完整性和编制水平	可行
		施工方案与技术措施	可行
		质量管理体系与措施	可行
		安全管理体系与措施	可行
		环境保护管理体系与措施	可行
		工程进度计划与措施	可行
		资源配备计划	可行
		施工设备	可行
		试验、检测仪器设备	可行
2.2.4 (2)	项目管理机构评分标准	项目经理任职资格与业绩	___6___分
		技术负责人任职资格与业绩	___3___分
		其他主要人员	___1___分

(续表)

条款号	评分因素	评分标准
2.2.4 (3)	投标报价评分标准	投标总报价 60 分
		主要清单项目综合单价 30 分
2.2.4 (4)	其他因素评分标准	不评分

条款号	编列内容
3	评标程序 (1)资格后审,按本章前附表 2.1.1 条至 2.1.3 条规定的评审办法对所以潜在投标人递交的资格后审申请材料进行评审,只有通过资格后审的投标文件才能进入下阶段评审;(2)当众开启并宣读资格后审合格的投标人的投标函报价;(3)评委对投标文件商务部分进行评审;(4)由评委对评分结果进行汇总并排列名次;(5)当众宣布评标结果;(6)如经过对所以投标人的投标文件进行评审,有效投标不足三个使投标明显缺乏竞争的,评标委员会可以否决全部投标

条款号	评分因素	评分方法
3.2.1	投标报价	投标总报价 投标总报价与其评标基准价相等的得满分 60 分。在此基础上,投标总报价与其评标基准价相比,每增加 1% 扣 4 分,每减少 1% 扣 2 分,扣完为止。按插入法计算得分
		主要清单项目综合单价 (1)主要清单项目综合单价与其评标基准价相等的得满分 3 分,在此基础上,综合单价与评标基准价相比,每增加 1% 扣 0.4 分,每减少 1% 扣 0.2 分,扣完为止。 (2)同理计算出不高于综合单价最高限价且资格审查合格各投标人所报主要清单项目综合单价报价的得分。按插入法计算得分,所以分值保留小数点后两位数值,第三位采用四舍五入

二、评标办法正文

1. 评标方法

本次评标采用综合评估法。评标委员会对满足招标文件实质性要求的投标文件,按照本章第 2.2 款规定的评分标准进行打分,并按得分由高到低顺序推荐中标候选人,或根据招标人授权直接确定中标人,但投标报价低于其成本的除外。综合评分相等时,以投标报价低的优先;投标报价也相等的,由招标人或其授权的评标委员会自行确定。

2. 评审标准

2.1 初步评审标准

2.1.1 形式评审标准:见评标办法前附表。

2.1.2 资格评审标准:见评标办法前附表。

2.1.3 响应性评审标准:见评标办法前附表。

2.2 分值构成与评分标准

2.2.1 分值构成

(1)施工组织设计:见评标办法前附表;

(2)项目管理机构:见评标办法前附表;

(3)投标报价:见评标办法前附表;

(4)其他评分因素:见评标办法前附表。

2.2.2 评标基准价计算

评标基准价计算方法:见评标办法前附表。

2.2.3 投标报价的偏差率计算

投标报价的偏差率计算公式:见评标办法前附表。

2.2.4 评分标准

(1)施工组织设计评分标准:见评标办法前附表;

(2)项目管理机构评分标准:见评标办法前附表;

(3)投标报价评分标准:见评标办法前附表;

(4)其他因素评分标准:见评标办法前附表。

3. 评标程序

3.1 初步评审

3.1.1 评标委员会可以要求投标人提交第二章"投标人须知"第 3.5.1 项至第 3.5.4 项规定的有关证明和证件的原件,以便核验。评标委员会依据本章第 2.1 款规定的标准对投标文件进行初步评审。有一项不符合评审标准的,评标委员会应当否决其投标。

3.1.2 投标人有以下情形之一的,评标委员会应当否决其投标:

(1)第二章"投标人须知"第 1.4.2 项、第 1.4.3 项规定的任何一种情形的;

(2)串通投标或弄虚作假或有其他违法行为的;

(3)不按评标委员会要求澄清、说明或补正的。

3.1.3 投标报价有算术错误的,评标委员会按以下原则对投标报价进行修正,修正的价格经投标人书面确认后具有约束力。投标人不接受修正价格的,评标委员会应当否决其投标。

(1)投标文件中的大写金额与小写金额不一致的,以大写金额为准;

(2)总价金额与依据单价计算出的结果不一致的,以单价金额为准修正总价,但单价金额小数点有明显错误的除外。

3.2 详细评审

3.2.1 评标委员会按本章第 2.2 款规定的量化因素和分值进行打分,并计算出综合评估得分。

(1) 按本章第 2.2.4(1)目规定的评审因素和分值对施工组织设计计算出得分 A;

(2) 按本章第 2.2.4(2)目规定的评审因素和分值对项目管理机构计算出得分 B;

(3) 按本章第 2.2.4(3)目规定的评审因素和分值对投标报价计算出得分 C;

(4) 按本章第 2.2.4(4)目规定的评审因素和分值对其他部分计算出得分 D。

3.2.2 评分分值计算保留小数点后两位,小数点后第三位"四舍五入"。

3.2.3 投标人得分＝A＋B＋C＋D。

3.2.4 评标委员会发现投标人的报价明显低于其他投标报价,或者在设有标底时明显低于标底,使得其投标报价可能低于其个别成本的,应当要求该投标人作出书面说明并提供相应的证明材料。投标人不能合理说明或者不能提供相应证明材料的,评标委员会应当认定该投标人以低于成本报价竞标,否决其投标。

3.3 投标文件的澄清和补正

3.3.1 在评标过程中,评标委员会可以书面形式要求投标人对所提交投标文件中不明确的内容进行书面澄清或说明,或者对细微偏差进行补正。评标委员会不接受投标人主动提出的澄清、说明或补正。

3.3.2 澄清、说明和补正不得改变投标文件的实质性内容。投标人的书面澄清、说明和补正属于投标文件的组成部分。

3.3.3 评标委员会对投标人提交的澄清、说明或补正有疑问的,可以要求投标人进一步澄清、说明或补正,直至满足评标委员会的要求。

3.4 评标结果

3.4.1 除第二章"投标人须知"前附表授权直接确定中标人外,评标委员会按照得分由高到低的顺序推荐中标候选人。

3.4.2 评标委员会完成评标后,应当向招标人提交书面评标报告。

第四章 合同条款及格式

一、通用合同条款

通用合同条款直接引用中华人民共和国《标准施工招标文件》(2012 版)第一卷第四章第一节"通用合同条款"。

二、专业合同条款

1. 一般约定

1.1　词语定义

1.1.2　合同当事人和人员

1.1.2.2　发包人。本合同发包人约定为：<u>××市××职业技术学院</u>

1.1.2.3　承包人。本合同承包人约定为：<u>合同签订时确认</u>

1.1.2.6　监理人。本合同监理人约定为：<u>合同签订时确认</u>

1.1.3　工程和设备

1.1.3.2　永久工程。本合同永久工程约定为：<u>招标文件和施工图所包含的全部工程内容。</u>

1.1.3.3　临时工程。本合同临时工程约定为：<u>实施本合同工程需要的施工所用的临时支线、便道和现场的临时出入道，以及生产、生活等临时设施。</u>

1.1.4.5　缺陷责任期。本合同缺陷责任期约定为：<u>按《房屋建筑工程质量保修办法》规定，质量保修期从工程竣工验收合格之日算起，分单项竣工验收的工程，按单项工程分别计算质量保修期。</u>

1.1.5　合同价格和费用

1.1.5.2　合同价格：本合同价款采用<u>固定合同总价</u>的承包方式确定。

1.1.5.3　费用：单列的安全技术措施费为投标报价的1％，<u>已包含在合同价中。</u>

1.1.5.7　质量保证金（或称保留金）：<u>按合同价款的5％计取。</u>

1.4　合同文件的优先顺序

（1）合同协议书；

（2）中标通知书；

（3）招标文件及其补遗书；

（4）专用合同条款；

（5）通用合同条款；

（6）投标函及投标函附录；

（7）技术标准和要求；

（8）图纸；

（9）已标价工程量清单；

（10）其他合同文件。

1.6　图纸和承包人文件

1.6.1　图纸的提供。本合同发包人提供的图纸数量和期限约定为：<u>开工前七日内向承包人提供图纸两套。</u>

1.6.2 承包人提供的文件。承包人提供的文件范围约定为：施工组织设计、专项施工方案、安全应急方案。承包人为完成本合同规定的各项工作，在投标时按招标文件的要求向发包人提交的投标文件，含报价书、已标价的工程量清单及其他文件等。本合同承包人提供的文件数量和期限约定为：合同签订后一周内提供六套，否则发包人有权在提供上述文件后再支付进度款，并由承包人承担因此而造成的损失。 监理人批复的期限约定为：5天。

1.6.3 本合同图纸修改签发期限约定为：5天。

1.8 转让。本合同合同权利的转让约定为：按通用合同条款执行。

2. 发包人义务

2.3 提供施工场地。本合同发包人提供施工场地约定为：完成施工场地的征地和拆迁工作。

2.5 组织设计交底

发包人在合同签订后14日内组织承包人和设计单位进行图纸会审和初次设计交底，以后的设计交底时间根据施工进度进行。

2.6 发包人向承包人支付合同价款的期限约定为：承包方应于每月20日前将完成的工程量和下月进度计划报监理单位审核，经监理单位审核确认，总监签字后，发包方在7个工作日内将已确认的工程进度款85%支付给承包方。竣工验收合格后一个月内支付工程款至合同价款的90%，审计完成后支付至工程总价的95%，扣留5%为质保金。

2.7 发包人组织竣工验收期限约定为：完工后7个工作日内。

2.8 其他义务。本合同发包人应履行的其他义务为：已竣工工程验收合格之日起交发包方负责成品保护，并承担保护费用。

3. 监理人

3.1 监理人的职责和权力

3.1.1 通用合同条款未指明的，本合同需经发包人事先批准的监理人权利约定为：详见监理合同。

3.3.4 本合同总监理工程师作出确定的权利授权或委托约定为：详见监理合同。

4. 承包人

4.1 承包人的一般义务

4.1.3 完成各项承包工作。本合同承包人在完成各项承包工程过程中的有关事项约定为：按通用合同条款执行。

4.1.8 本合同承包人为他人提供方便的条件和费用约定为：承包人入场后七日内向发包人及监理人提供办公场地，并负责施工进出场道路的修建、地下管线和附件建筑物的保护工作等，承包人为以上提供服务可能发生的费用均进入投标报价中。

4.2　履约担保

承包人向发包人提供履约担保的金额为工程合同总价的 10%。

4.3.2　除工程主体、关键性工作外,本合同工程的其他部分或工作分包约定为:<u>本工程未经发包人许可不允许分包。</u>

4.5　承包人项目经理

4.5.1　承包人原则上不得自行更换投标时所报的项目班子人员。

4.11.1　不利物质条件。本合同施工场地不利物质条件的约定为:<u>按通用合同条款。</u>

5. 材料和设备

<u>① 所有建筑材料、设备等到货时,应由发包人及监理工程师就材料设备的种类、产地、品牌、数量、规格、单价、技术参数、质量等级等,按国家制定的有关产品质量标准规范要求进行验收或抽查试验,承包人应向验收人员提供有关产品合格证、许可证、准用证等证明和出厂日期以及正式发票复印件等以供核对。</u>

<u>② 承包人应负责材料和设备的采购、运输及保管工作。</u>

<u>③ 承包人提供的材料、设备的质量必须符合国家建材行业和机电行业等标准要求。</u>

<u>④ 承包人采购的进口材料和设备必须是从国家规定的正规渠道进口的产品,具有合法手续,其所发生的一切法律责任由承包人负责。</u>

6. 施工设备和临时设施

6.1　承包人提供的施工设备和临时设施

6.1.2　本合同承包人修建临时设施费用约定为:<u>由承包人负责,费用进入投标报价。</u>

6.2　发包人提供的施工设备和临时设施。本合同发包人提供的施工设备和临时设施约定为:<u>无。</u>

6.4.1　本合同施工场地内的施工设备和监理设施使用管理约定为:<u>按通用合同条款执行。</u>

7. 交通运输

7.1　道路通行权和场外设施。本合同道路通行权和场外设施的办理取得、费用约定为:<u>按通用合同条款执行。</u>

7.2　场内施工道路。本合同场内施工道路修建、维修、养护、管理及费用约定为:<u>按通用合同条款执行。</u>

7.4　超大件和超重件的运输。本合同超大件和超重件的运输约定为:<u>按通用合同条款执行。</u>

8. 测量放线

8.1.1　施工控制网。本合同发包人提供测量基准点、基准线及其书面资料的期限约定为:<u>合同签订 7 日内。</u>承包方将控制网报送监理人审批的期限约定为:<u>发包人提供资料 5 日内。</u>

9. 施工安全、治安环保和环境保护

9.1.1　本合同发包人的施工安全责任约定为：<u>监督承包人安全工作的实施，组织承包人和有关单位进行安全检查。</u>

9.2.1　本合同承包人的施工安全责任约定为：<u>承包人应按国家现行有关安全生产法律、法规、标准组织施工，加强安全防护措施，杜绝安全事故的发生，按要求做好安全文明施工。施工中出现意外事故的责任和因此发生的费用，由承包人承担。报送施工安全措施计划的约定为：开工前。</u>

9.3.1　本合同发包人应履行的合同工程治安保卫责任约定为：<u>协助承包方联系当地治安管理部门，督促承包方搞好治安保卫工作。</u>

9.3.3　本合同发包人和承包人应对突发治安事件时的责任约定为：<u>按通用合同条款执行。</u>

9.4　本合同承包人环境保护义务约定为：<u>按通用合同条款执行。</u>

10. 进度计划

10.1　合同进度计划。本合同工程进度计划的内容及承包人报送施工进度计划和施工方案说明的期限约定为：<u>开工前向发包人提供本工程施工组织设计及施工总进度计划、每月 20 日前向发包人提供施工进度情况和下一阶段的工作计划。</u>监理人批复的期限约定为：<u>5 日内。</u>

11. 开工和竣工

11.4　异常恶劣的气候条件。本合同异常恶劣的气候条件约定为：<u>人力不可抗拒因素影响工期，工期顺延。</u>

11.5　承包人的工期延误。本合同承包人的工期延误违约金约定为：

<u>① 每日历天应付违约金为 1 000 元。</u>

<u>② 工期延误违约金最高限额为：合同总价的 2%。</u>

<u>③ 因发包人原因造成工期延误的，工期顺延，且不因发包人造成的工期延误对承包人进行违约处理。</u>

11.6　工期提前。本合同工期提前发包人向承包人支付的奖金约定为：<u>无。</u>

12. 暂停施工

12.1　承包人暂停施工的责任。本合同承包人承担的其他暂停施工责任约定为：<u>按通用合同条款。</u>

15. 变更

所有工程变更、价款变更只有经发包人同意后才能实施，通用条款中监理人变更的权利由发包人享有。

15.1　变更的范围和内容。本合同变更的范围和内容约定为：<u>以发包人和设计单位的变更通知书为准。</u>

15.3.2 变更估价。本合同承包人提交变更报价书的期限约定为:按通用合同条款执行。监理人确定变更价格的期限约定为:按通用合同条款执行。

15.5.2 本合同对承包人合理化建议给予的奖励约定为:无。

15.8.1 工程量清单中给定暂估价的材料、设备和专业工程的招标选择供应商或分包人的,本合同发包人和承包人的权利义务约定为:无。

15.8.3 工程量清单中给定暂估价的专业工程不招标的,本合同估价原则约定为:无。

16. 价格调整

16.1 物价波动引起的价格调整。本合同物价波动引起的价格调整约定为:超出合同5%,按超过价差进行补差。

17. 计量与支付

17.1.3 计量周期。本合同计量周期约定为:按通用合同条款执行。

17.1.5 总价子目的计量。本合同总价子目的分解和计量约定为:按通用合同条款执行。

17.2.1 预付款。本合同工程预付款约定为:按合同总价10%。

17.3.2 进度付款申请单。本合同工程进度付款申请单的份数约定为:2份。进度付款单内容约定为:按通用合同条款执行。

17.4.1 质量保证金。本合同扣留质量保证金的约定为:5%。

17.5.1 竣工付款申请单。本合同工竣工付款申请单的份数约定为:2份。竣工付款申请单内容约定为:按通用合同条款执行。

17.6.1 最终结清申请单。本合同最终结清申请单的份数约定为:3份。提交期限约定为:保修期满后三个月内。

18. 竣工验收

18.3.5 本合同实际竣工日期约定为:按通用合同条款执行。

18.5 施工期运行

本合同需投入施工期运行的单位工程或工程设备约定为:无。

18.6 试运行。本合同工程及工程设备试运行约定为:按通用合同条款执行。

18.7 竣工清场。本合同竣工清场约定为按通用合同条款执行。

18.8 施工队伍的撤离。本合同缺陷责任期满时,承包人的人员和施工设备的撤离约定为:按通用合同条款执行。

19. 缺陷责任与保修责任

19.7 保修责任。本合同工程质量保修范围、期限和责任约定为:合同内工程范围;壹年;承包人承担缺陷责任。

20. 保险

20.1 工程保险。本合同工程保险约定为:执行国家相关法律法规规定。

20.4.2 本合同第三者责任险约定为:执行国家相关法律法规规定。

20.5 其他保险。本合同其他保险约定为:执行国家相关法律法规规定。

20.6.1 保险凭证。本合同承包人向发包人提交保险凭证的期限约定为:开工前。

21. 不可抗力

21.1.1 本合同不可抗力其他情形约定为:无。

21.3.1 不可抗力造成损害的责任。本合同不可抗力造成损害的责任承担原则约定为:按通用合同条款执行。

24. 争议的解决

24.1 争议的解决方式。本合同争议的解决方式约定为:向当地仲裁委员会申请仲裁或向有管辖权的人民法院提起诉讼。

24.3.4 本合同争议评审组举行调查会的期限约定为:执行国家相关法律法规规定。

24.3.5 本合同争议评审组作出书面评审意见的期限约定为:执行国家相关法律法规规定。

第五章 工程量清单及图纸

一、工程量清单说明

1.1 本工程量清单是根据招标文件中包括的、有合同约束力的图纸以及有关工程量清单的国家标准、行业标准、合同条款中约定的工程量计算规则编制。约定计量规则中没有的子目,其工程量按照有合同约束力的图纸所标示尺寸的理论净量计算,并符合补充项目清单说明明确的计量规则的相关规定。计量采用中华人民共和国法定计量单位。

1.2 本工程量清单应与招标文件中的投标人须知、通用合同条款、专用合同条款、技术标准和要求及图纸等一起阅读和理解。

1.3 本工程量清单仅是投标报价的共同基础,实际工程计量和工程价款的支付应遵循合同条款的约定和第六章"技术标准和要求"的有关规定。

1.4 补充子目工程量计算规则及子目工作内容说明:无。

二、投标报价说明

2.1 工程量清单中的每一子目须填入单价或价格,且只允许有一个报价。

2.2 工程量清单中标价的单价或金额,应包括所需的人工费、材料费、施工机具使用费和企业管理费、利润以及一定范围内的风险费用等。所谓"一定范围内的风险"是指合同约定的风险。

2.3 已标价工程量清单中投标人没有填入单价或价格的子目,其费用视为已分摊在工程量清单中其他相关子目的单价或价格之中。

2.4 "投标报价汇总表"中的投标总价由分部分项工程费、措施项目费、其他项目费、规费和税金组成。

三、其他说明

工程施工过程中工程量清单分部分项综合报价的"项目特征和工作内容"以招标文件的工程量清单描述为准,若招标工程量清单描述有未尽之处,以施工图纸和国家有关规范标准为准,不因招标工程量清单描述不充分而调整。

四、工程量清单与计价表

(此部分学生自行完成,具体表格形式见教材单元 1 任务 5)

4.1 工程量清单表

4.2 计日工表

4.2.1 劳务

4.2.2 材料

4.2.3 施工机械

4.2.4 计日工汇总表

4.3 投标报价汇总表

4.4 工程量清单单价分析表

五、图纸

5.1 图纸目录

5.2 图纸:见附录 B

第六章 技术标准和要求

一、国家法律法规

(1)《中华人民共和国合同法》;

(2)《中华人民共和国建筑法》;

(3) 其他相关法律及行政法规。

二、工程建设规范、标准及行业的有关规定

按国家和××市现行的技术规范及有关规定执行。依据设计文件的要求,本招标项目施工须达到现行相关工程技术规范和施工质量验收规范及其他相关技术和验收规范。

结构施工图

图纸目录

建设单位	××市××职业技术学院			
项目名称	办公楼	专业	结构	
设计号		阶段	施工图	
审核/日期		共		页
填表/日期		第		页

序号	图 号	修改版次	图 纸 名 称	图幅	备 注
1	结施—1	1	结构设计总说明	A4	
2	结施—2	2	基础平面布置图	A3	
3	结施—3	2	基础详图	A3	
4	结施—4	2	柱脚平面布置图	A3	
5	结施—5	2	柱脚详图	A3	
6	结施—6	2	一层、二层结构平面布置图	A3	
7	结施—7	2	三层结构平面布置图	A3	
8	结施—8	2	A轴结构立面布置图	A3	
9	结施—9	2	B轴结构立面布置图	A3	
10	结施—10	2	D轴结构立面布置图	A3	
11	结施—11	2	结构横向立面布置图	A3	
12	结施—12	2	框架节点布置图	A3	
13	结施—13	2	框架节点详图（一）	A3	
14	结施—14	2	框架节点详图（二）	A3	
15	结施—15	2	楼梯详图	A3	
16	结施—16	2	一层、二层楼承板布置图	A3	
17	结施—17	2	三层楼承板布置图	A3	
18	结施—18	2	楼板节点详图（一）	A3	
19	结施—19	2	楼板节点详图（二）	A3	

出图章

注册建筑师（注册工程师）专用章

一．总则

（一）设计依据

1.《建筑结构荷载规范》（GB 50009-2001）（2006年版）
2.《建筑结构可靠度设计统一标准》（GB 50068-2001）
3.《建筑地基基础设计规范》（GB 50007-2002）
4.《地基处理技术规范》（DBJ 08-40-94）
5.《混凝土结构设计规范》（GB 50010-2002）
6.《砌体结构设计规范》（GB 50003-2001）
7.《建筑抗震设计规范》（GB 50011-2001）（2008年版）
8.《建筑抗震设防分类标准》（GB 50223-2008）
9.《钢结构设计规范》（GB 50017-2003）
10.《钢结构工程施工质量验收规范》（GB 50018-20）
11.《建筑钢结构焊接规程》（JGJ 81-2002）
12.《钢结构高强度螺栓连接的设计、施工及验收规程》（JGJ 82-2011）
13.国家现行建筑结构设计规范、规程．
14.经批准的初步设计文件．

（二）本工程为多层钢框架结构体系，框架属三级抗震等级．抗震设防烈度为8度，建筑物抗震设防类别为丙类，建筑场地为Ⅱ类，建筑物安全等级为二级．建筑的设计特征周期为 0.9S；设计基本地震加速度为0.20g．设计地震分组为I组，地面粗糙度为B类场地，结构的设计使用年限50年．

（三）设计荷载标准值

1．楼面恒荷载　　4kN/m²　　2．楼面活荷载　　2.5kN/m²
3．屋面恒荷载　　6kN/m²　　4．屋面活荷载　　0.5kN/m²
5．楼梯活荷载　　2.5kN/m²　　6．基本风压值　　0.55 kN/m²

（四）本工程所有结构施工图中标注的尺寸除标高以m为单位外，其余尺寸均以mm为单位，图纸中所有尺寸均以标注为准，不得以比例尺量取图中尺寸．

二．材料

1.本工程钢结构材料的性能、质量应符合下列标准：

《碳素结构钢》（GB/T 700-2006）

《低合金高强度结构钢》（GB/T 1591-94）

《钢结构用扭剪型高强度螺栓》（GB 3632~3633—95）

《埋弧焊用碳素钢焊丝和焊剂》（GB/T 5293-1999）

《埋弧焊用低合金钢焊丝和焊剂》（GB/T 12470-2003）

《熔化焊用钢丝》（GB/T 14957-94）

《碳钢焊条》（GB/T 5117-95）

《碳低合金钢焊条》（GB/T 5118-95）

《钢结构防火涂料应用技术规范》（CECS 24：90）

2．本工程所采用的钢材除满足国家材料规范要求外，地震区尚应满足下列要求：

（1）钢材的屈服强度实测值与抗拉强度实测值的比值应不大于0.85．

（2）钢材应有明显的屈服台阶，伸长率应大于20%．

（3）钢材应有良好的可焊性和合格的冲击韧性．

3．本工程刚架梁、柱采用材料为Q345B．

4．混凝土强度等级：见相应结构图．

5．钢筋：HPB235钢（Φ），HRB335钢（Φ），HRB400钢（Φ）．

6．本工程连接采用10.9级扭剪型高强度螺栓，高强度螺栓结施合面不得涂漆，采用喷砂处理法，摩擦面抗滑移系数为 0.50．

7．焊条：手工焊接时，Q235B用E4315或E4316型焊条焊接，Q345用E5010或E5011型焊条焊接，焊条性能需符合碳素钢焊条（GB/T 5117）和低合金钢焊条（GB/T5118）的规定．

8．焊丝：自动焊或半自动焊时，Q235B用H08A焊丝，配以高锰型焊剂焊接，Q345B用H08MnA焊丝，配以高锰型焊剂焊接．

9．焊条E43用于HPB235钢筋互焊，焊条E50用于HRB335钢筋互焊．

10．砌体材料：

(1)±0.000以下砌体采用MU15页岩烧结砖，M7.5水泥砂浆砌筑．

(2)±0.000以上砌体采用轻集料混凝土砌块，M5混合砂浆砌筑．

三、地基及基础工程

1.本工程基础为柱下独立柱基及墙下条形基础．

2.回填土应分层回填夯实且不得含有机物质及大块砖石，夯实后的压实系数为0.94．

3.基坑开挖应按地质报告提供的数据进行放坡或采取其他支护措施．

4.地基与基础工程的其余说明详见施工图．

四、钢筋混凝土工程

1.当受力钢筋直径大于22mm时，宜采用焊接接头或机械连接接头，焊接接头优先采用闪光对焊，如采用搭接焊时，宜优先采用双面焊，双面焊搭接长度不小于5d，机械连接接头应采用I级接头或Ⅱ级接头．

2.受力钢筋接头的位置应相互错开，当采用焊接接头或机械接头时，错开长不小于35d且不小于500．

五、砌体工程

1.在室内标高以下0.06m处作防潮层，防潮层用1：2水泥砂浆掺加5%防水剂抹20mm厚，若在此标高处设有钢筋混凝土圈梁或基础梁时则不做防潮层．

2.填充墙高超过4m时，应在墙高中部或门顶设置一道钢筋混凝土墙梁，梁高180，内配4Φ10，通长钢筋，箍筋间距Φ6@250．

六、钢结构制作与加工

1.除锚栓外，钢结构构件上螺栓钻孔直径均比螺栓直径大1.5mm．

2.焊接

(1)焊接时应注意防止焊接变形的产生，应选择合理的焊接工艺及焊接顺序，以减小钢结构中产生的焊接应力和焊接变形．

(2)构件角焊缝的厚度范围见表1．

(3)焊缝质量级别：端板与柱、钢框架结构梁柱连接处、梁翼缘和腹板的连接焊缝为全熔透坡口焊，质量等级为二级，其余为三级．所有非施工图所示构件拼接用对接焊质量应达到二级．

(4)图中未注明的焊缝高度均为 6 mm．

表1

角焊缝的最小焊角尺寸hf /			角焊缝的最大焊角尺寸hf /	
较厚焊件的厚度 mm	手工焊接(hf) mm	埋弧焊接(hf) mm	较薄焊件的厚度 mm	最大焊角尺寸(hf) mm
<4	4	3	4	5
5~7	4	3	5	6
8~11	5	4	6	7
12~16	6	5	8	10
17~21	7	6	10	12
22~26	8	7	12	14
27~36	9	8	14	17

七、钢结构安装要求

1. 钢结构的安装必须按施工组织设计进行，先安装柱和梁，并使之保持稳定，在逐次组装其他构件，再最终固定并必须保证结构的稳定，不得强行安装导致结构或构件永久塑性变形。

2. 钢结构单元在逐次安装过程中，应及时调整消除累计偏差，使总安装偏差最小以符合设计要求。任何安装孔均不得随意割扩，不得更改螺栓直径。

3. 钢柱安装前，应对全部柱基位置、标高、轴线、地脚锚栓位置、伸出长度进行检查并验收合格。

4. 柱子在安装完毕后必须将锚栓垫板与柱底板焊牢，锚栓及螺母必须进行点焊，点焊不得损伤锚栓母材。

八、钢结构涂装

1. 除锈：除镀锌构件外，制作前钢构件表面均应进行抛丸除锈处理，不得手工除锈，除锈质量等级应达到国标GB8923中Sa 2.5级标准。

2. 砌筑与墙体内的钢构件表面不得涂漆，外露构件进行涂装。

3. 涂漆：钢构件除锈处理后立即保养，而后涂一道红丹底漆，完成后，再涂二道醇酸(面漆)漆。

4. 高强螺栓结合处摩擦面不得涂漆。

九、钢结构防火工程

本工程耐火等级为三级，主要承重构件全部封闭在墙体及室内吊顶内，耐火时间满足规范要求，钢结构无需防火处理。

十、其他

1. 结构施工必须密切配合各专业图纸，浇筑混凝土前应仔细检查预留孔洞，预埋件，插筋及预埋管线等是否遗漏，位置是否正确，无误后方可浇筑。

2. 凡本说明与各施工图有矛盾时，均以施工图为准。

合作设计单位
CO-OPERATED WITH

工种会签
CONFIRMED BY

审定人 AUTHORIZED FOR ISSUE BY	
审核人 REVIEWED BY	
项目负责人 PROJECT DIRECTOR	
专业负责人 DISCIPLINE RESPONSIBLE BY	
校对人 CHECKED BY	
设计人 DESIGNED BY	

建设单位 CLIENT

××市××职业技术学院

项目名称 PROJECT

办公楼

图名 DRAWING TITLE

结构设计总说明

出图章 STAMP FOR ISSUE

注册建筑师（注册工程师）专用章 REGISTERED ARCHITECT (REGISTERED ENGINEER) STAMP

设计号 JOB NO.			
阶段 STATUS	施工图	专业 DISCIPLINE	结构
比例 SCALE		修改版次 EDITION NO.	1
日期 DATE		图号 DRAWING NO.	结施-1

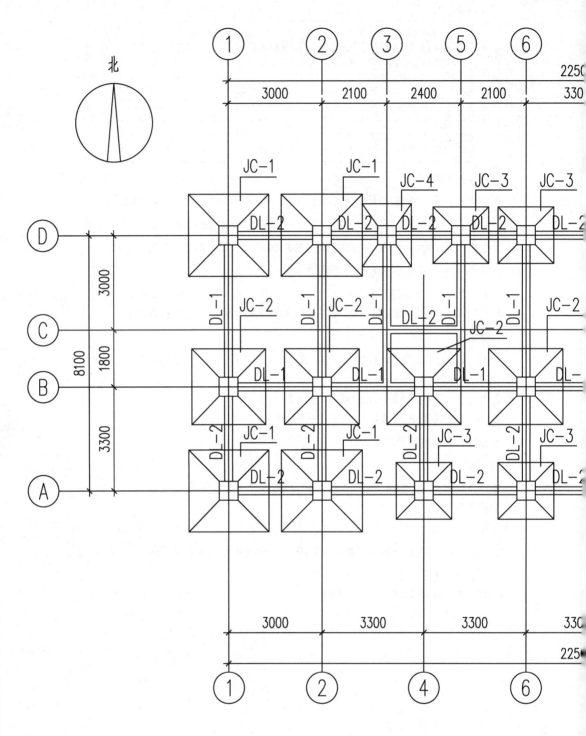

北

① ② ③ ⑤ ⑥

2250
3000 2100 2400 2100 330

JC-1 JC-1 JC-4 JC-3 JC-3

DL-2 DL-2 DL-2 DL-2 DL-2

Ⓓ

3000

DL-1 JC-2 DL-1 JC-2 DL-1 DL-2 DL-1 DL-1 JC-2

JC-2

Ⓒ

8100 1800

DL-1 DL-1 DL-1 DL-

Ⓑ

3300

DL-2 JC-1 DL-2 JC-1 DL-2 JC-3 DL-2 JC-3

DL-2 DL-2 DL-2 DL-2

Ⓐ

3000 3300 3300 330

225

① ② ④ ⑥

基础平面布置图1:10

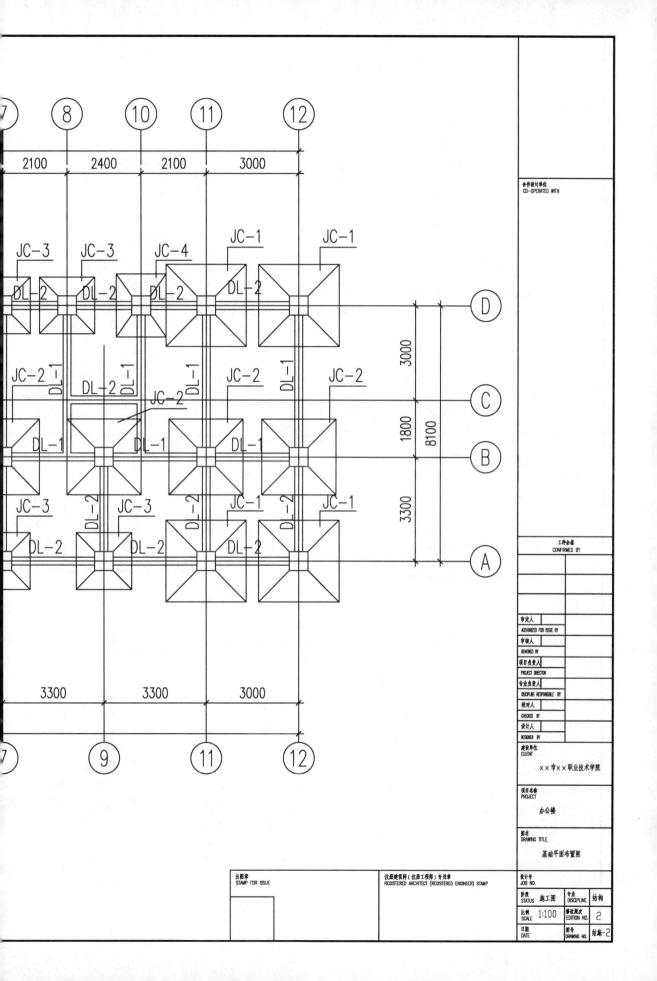

基础平面布置图

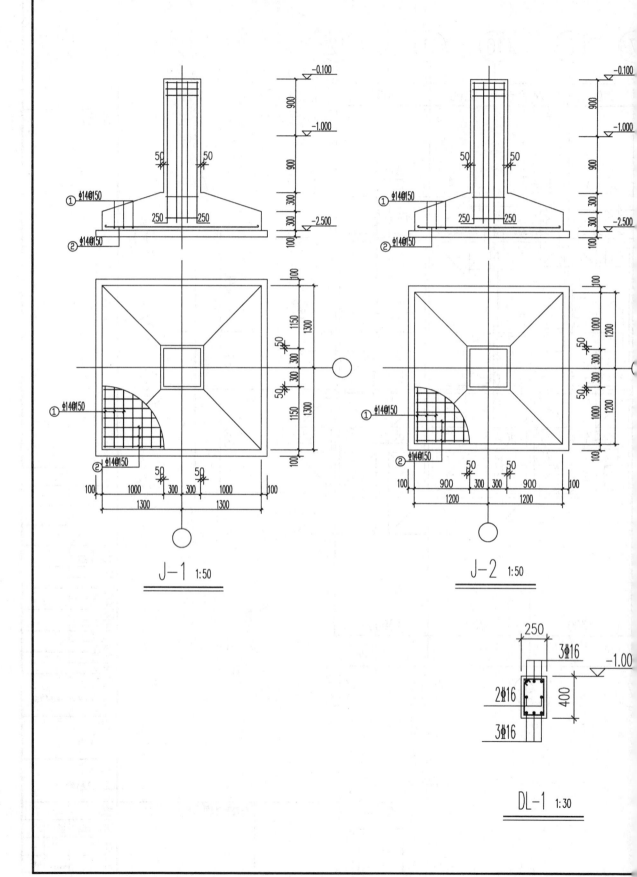

$J-1$ 1:50

$J-2$ 1:50

$DL-1$ 1:30

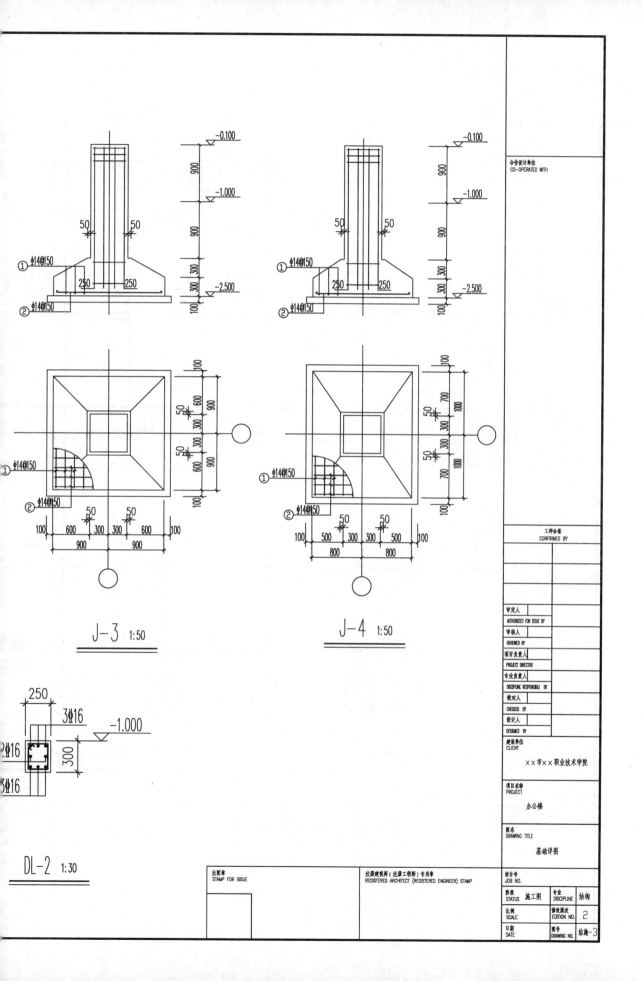

J-3 1:50

J-4 1:50

DL-2 1:30

合作设计单位
CO-OPERATED WITH

工料会签
CONFIRMED BY

审定人	
AUTHORIZED FOR ISSUE BY	
审核人	
REVIEWED BY	
项目负责人	
PROJECT DIRECTOR	
专业负责人	
DISCIPLINE RESPONSIBLE BY	
校对人	
CHECKED BY	
设计人	
DESIGNED BY	

建设单位
CLIENT

××市××职业技术学院

项目名称
PROJECT

办公楼

图名
DRAWING TITLE

基础详图

出图章
STAMP FOR ISSUE

注册建筑师（注册工程师）专用章
REGISTERED ARCHITECT (REGISTERED ENGINEER) STAMP

设计号			
JOB NO.			
阶段	施工图	专业	结构
STATUS		DISCIPLINE	
比例		修改版次	2
SCALE		EDITION NO.	
日期		图号	结施-3
DATE		DRAWING NO.	

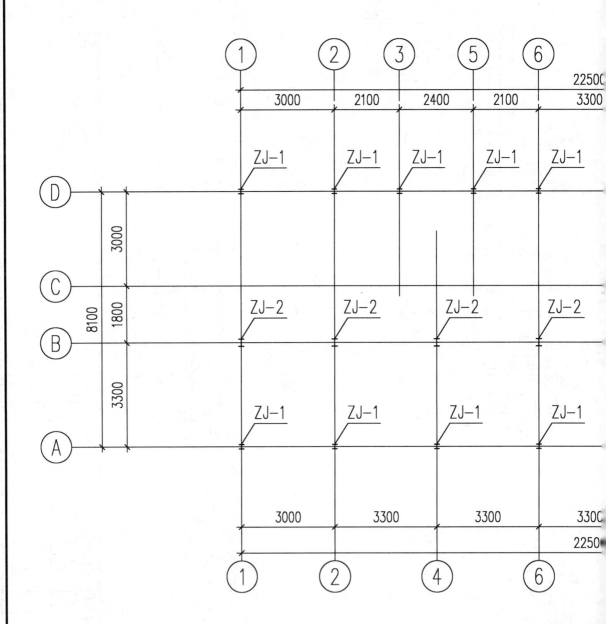

柱脚平面布置图 1:100

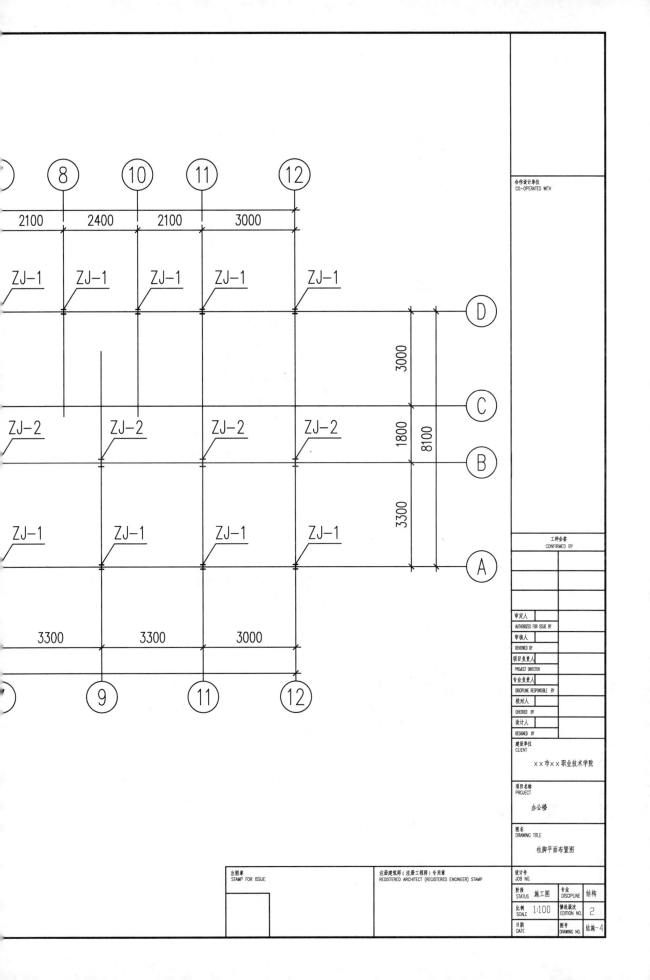

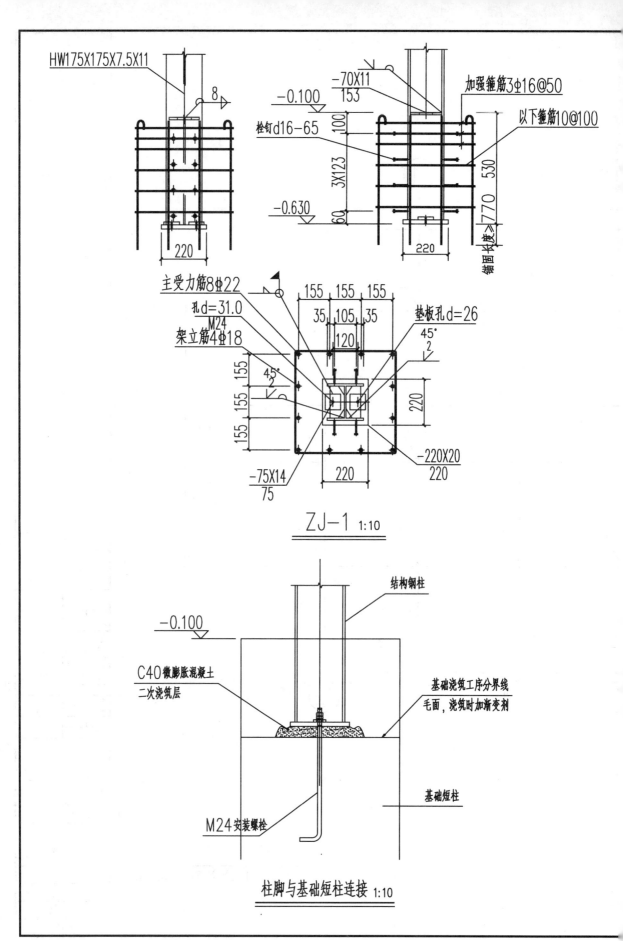

HW175X175X7.5X11

220

−0.100

栓钉d16-65

−70X11
153

100

3X123

60

−0.630

加强箍筋3Φ16@50

以下箍筋10@100

220

530

锚固长度≥770

主受力筋8Φ22
孔d=31.0
M24
架立筋4Φ18

155 155 155
35 105 35
120

垫板孔d=26
45°

45°

155
155
155

220

−75X14
75

−220X20
220

220

ZJ-1 1:10

结构钢柱

−0.100

C40微膨胀混凝土
二次浇筑层

基础浇筑工序分界线
毛面，浇筑时加渐变剂

基础短柱

M24安装螺栓

柱脚与基础短柱连接 1:10

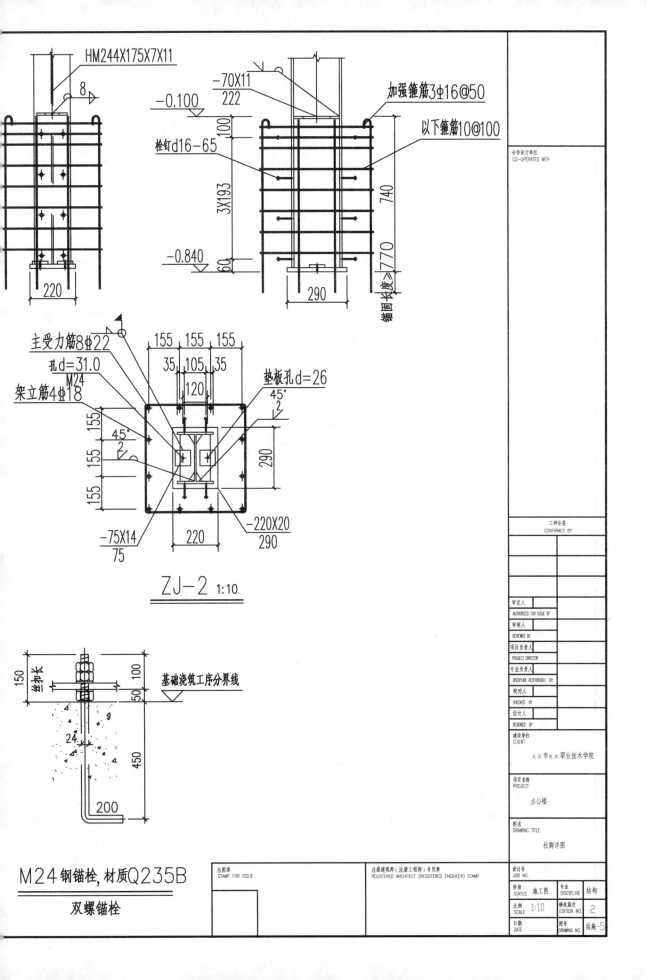

HM244X175X7X11

8

−0.100

220

−70X11
222

栓钉d16−65

−0.840

290

加强箍筋3Φ16@50

以下箍筋10@100

100

3X193

740

770

60

锚固长度≥770

主受力筋8Φ22
孔d=31.0
M24
架立筋4Φ18

155 155 155
35 105 35
120

垫板孔d=26
45°
2

290

45°
2

155

155

155

155

−75X14
75

220

−220X20
290

ZJ−2 1:10

150

丝扣长

100

基础浇筑工序分界线

50

24

450

200

M24钢锚栓,材质Q235B

双螺锚栓

合作设计单位
CO-OPERATED WITH

工种会签
CONFIRMED BY

审定人
AUTHORIZED FOR ISSUE BY
审核人
REVIEWED BY
项目负责人
PROJECT DIRECTOR
专业负责人
DISCIPLINE RESPONSIBLE BY
校对人
CHECKED BY
设计人
DESIGNED BY
建设单位
CLIENT

××市××职业技术学院

项目名称
PROJECT

办公楼

图名
DRAWING TITLE

柱脚详图

设计号
JOB NO.
阶段 施工图
STATUS
专业 结构
DISCIPLINE
比例 1:10
SCALE
修改版次 2
EDITION NO.
日期
DATE
图号 结施−5
DRAWING NO.

出图章
STAMP FOR ISSUE

注册建筑师(注册工程师)专用章
REGISTERED ARCHITECT (REGISTERED ENGINEER) STAMP

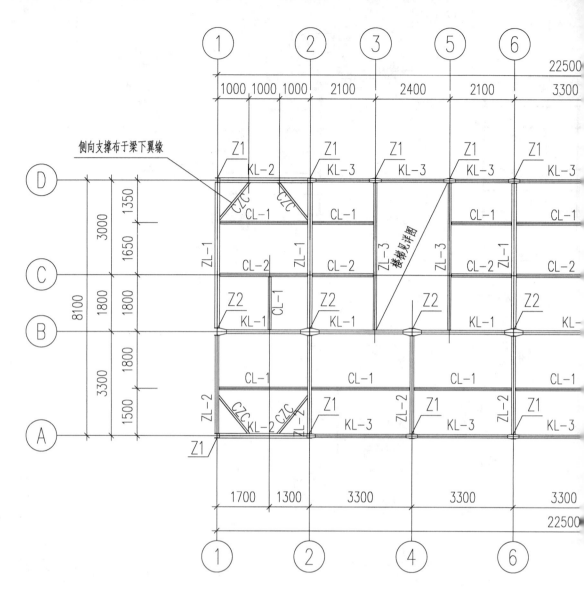

构件材料表			
编 号	名 称	材 料 规 格	备 注
Z1	柱	HW175×175×7.5×11	热 轧
Z2	柱	HM244×175×7×11	热 轧
ZL-1	主 梁	HN300×150×6.5×9	热 轧
ZL-2	主 梁	HN248×124×5×8	热 轧
ZL-3	主 梁	HN198×99×4.5×7	热 轧
KL-1	框架梁	HN248×124×5×8	热 轧
KL-2	框架梁	HN300×150×6.5×9	热 轧
KL-3	框架梁	HN198×99×4.5×7	热 轧
CL-1	次 梁	HN175×90×5×8	热 轧
CZC	侧向支撑	L63X5	热 轧

注: 所有材料材质均为Q345B

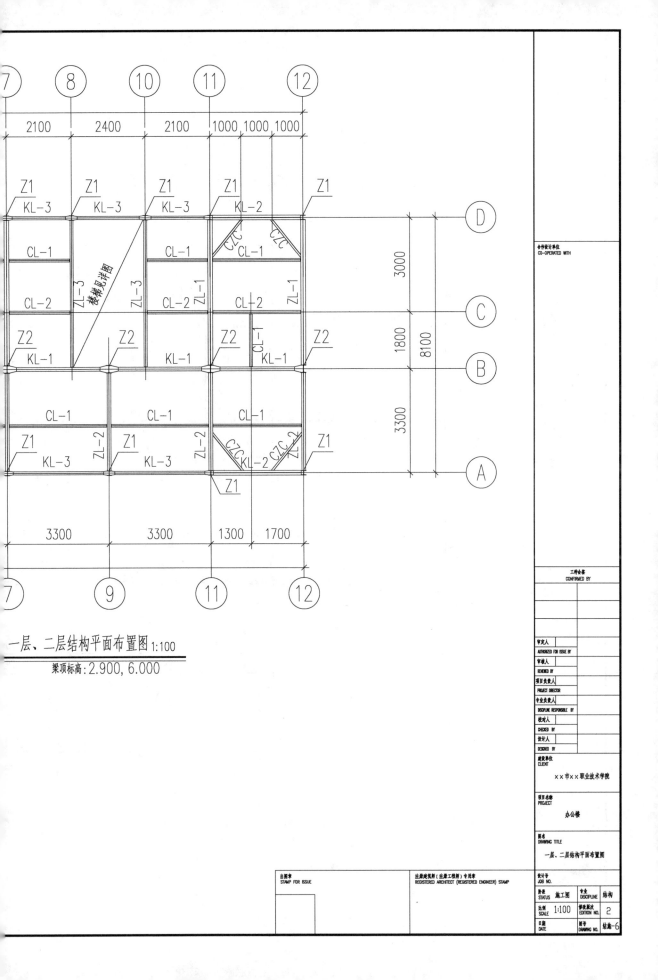

一层、二层结构平面布置图 1:100

梁顶标高: 2.900, 6.000

合作设计单位
CO-OPERATED WITH

工程会签
CONFIRMED BY

审定人
AUTHORIZED FOR ISSUE BY

审核人
REVIEWED BY

项目负责人
PROJECT DIRECTOR

专业负责人
DISCIPLINE RESPONSIBLE BY

校对人
CHECKED BY

设计人
DESIGNED BY

建设单位
CLIENT
××市××职业技术学院

项目名称
PROJECT
办公楼

图名
DRAWING TITLE
一层、二层结构平面布置图

出图章
STAMP FOR ISSUE

注册建筑师（注册工程师）专用章
REGISTERED ARCHITECT (REGISTERED ENGINEER) STAMP

设计号
JOB NO.

阶段
STATUS 施工图

专业
DISCIPLINE 结构

出图
SCALE 1:100

修改版次
EDITION NO. 2

日期
DATE

图号
DRAWING NO. 结施-6

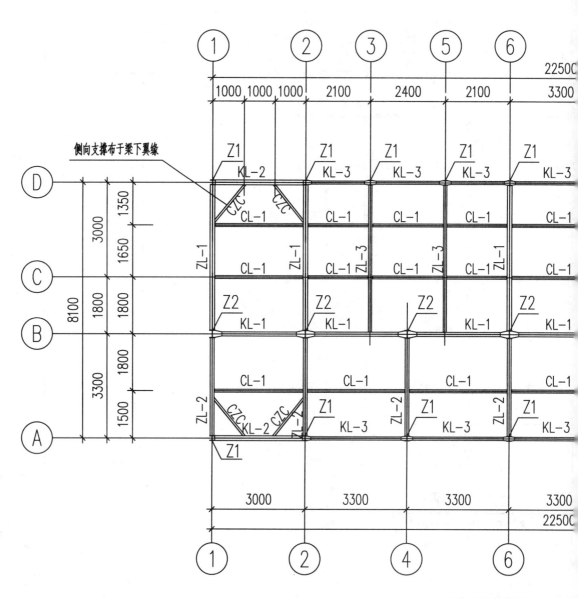

三层结构平面布置图 1:100

梁顶标高: 9.100

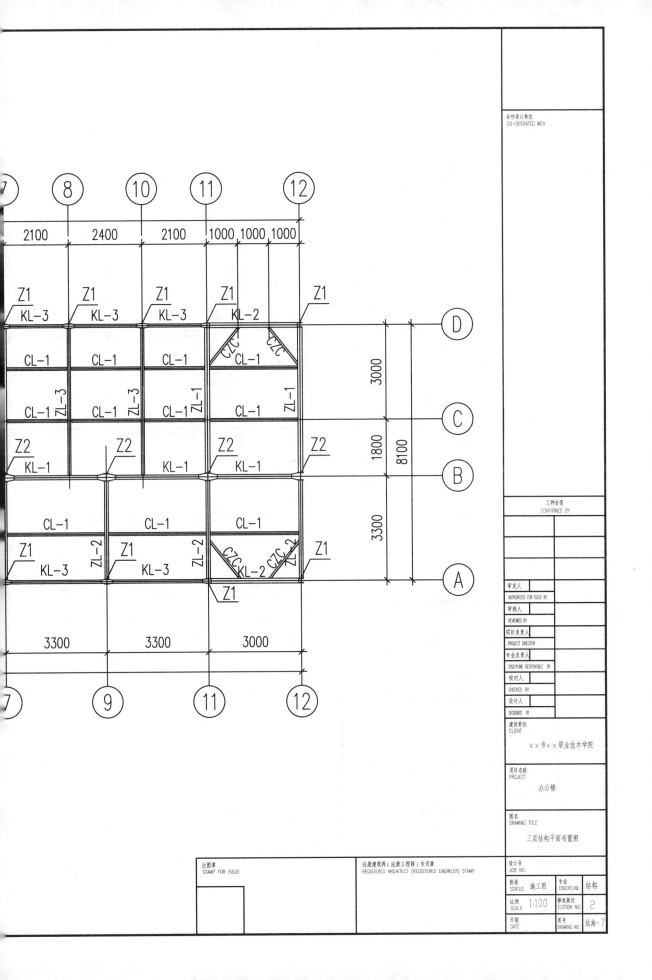

合作设计单位
CO-OPERATED WITH

工种会签
CONFIRMED BY

审定人
AUTHORIZED FOR ISSUE BY

审核人
REVIEWED BY

项目负责人
PROJECT DIRECTOR

专业负责人
DISCIPLINE RESPONSIBLE BY

校对人
CHECKED BY

设计人
DESIGNED BY

建设单位
CLIENT
××市××职业技术学院

项目名称
PROJECT
办公楼

图名
DRAWING TITLE
三层结构平面布置图

出图章
STAMP FOR ISSUE

注册建筑师(注册工程师)专用章
REGISTERED ARCHITECT (REGISTERED ENGINEER) STAMP

设计号
JOB NO.

阶段
STATUS   施工图

专业
DISCIPLINE   结构

比例
SCALE   1:100

修改原次
EDITION NO.   2

日期
DATE

图号
DRAWING NO.   结施-7

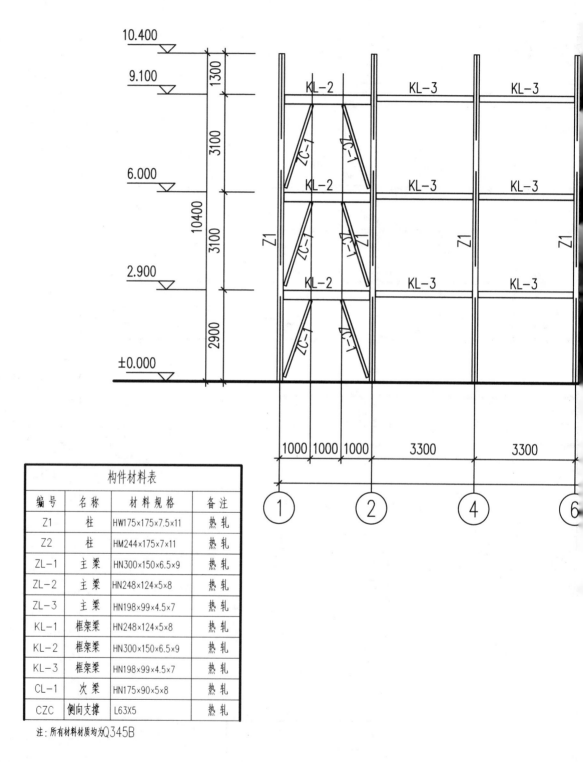

构件材料表			
编 号	名 称	材 料 规 格	备 注
Z1	柱	HW175×175×7.5×11	热 轧
Z2	柱	HM244×175×7×11	热 轧
ZL-1	主 梁	HN300×150×6.5×9	热 轧
ZL-2	主 梁	HN248×124×5×8	热 轧
ZL-3	主 梁	HN198×99×4.5×7	热 轧
KL-1	框架梁	HN248×124×5×8	热 轧
KL-2	框架梁	HN300×150×6.5×9	热 轧
KL-3	框架梁	HN198×99×4.5×7	热 轧
CL-1	次 梁	HN175×90×5×8	热 轧
CZC	侧向支撑	L63X5	热 轧

注：所有材料材质均为Q345B

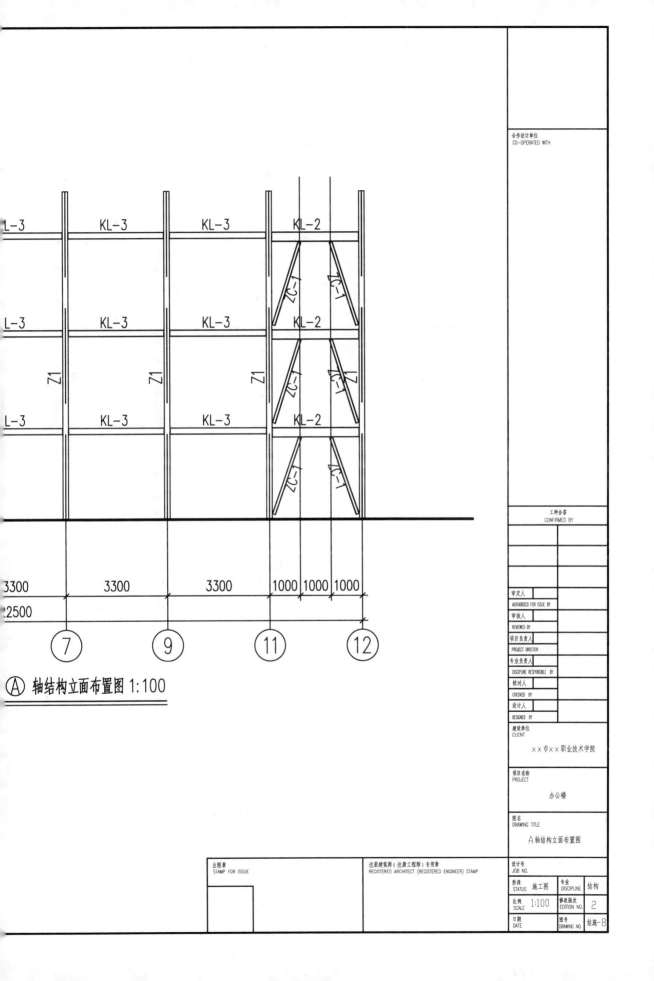

L-3   KL-3   KL-3   KL-2

L-3   KL-3   KL-3   KL-2

L-3   KL-3   KL-3   KL-2

ZC-1

Z1

3300   3300   3300   1000   1000   1000

2500

⑦   ⑨   ⑪   ⑫

Ⓐ 轴结构立面布置图 1:100

合作设计单位
CO-OPERATED WITH

工种会签
CONFIRMED BY

审定人
AUTHORIZED FOR ISSUE BY
审核人
REVIEWED BY
项目负责人
PROJECT DIRECTOR
专业负责人
DISCIPLINE RESPONSIBLE BY
校对人
CHECKED BY
设计人
DESIGNED BY

建设单位
CLIENT

××市××职业技术学院

项目名称
PROJECT

办公楼

图名
DRAWING TITLE

Ⓐ轴结构立面布置图

出图章
STAMP FOR ISSUE

注册建筑师（注册工程师）专用章
REGISTERED ARCHITECT (REGISTERED ENGINEER) STAMP

设计号
JOB NO.

阶段 STATUS	施工图	专业 DISCIPLINE	结构
比例 SCALE	1:100	修改版次 EDITION NO.	2
日期 DATE		图号 DRAWING NO.	结施-8

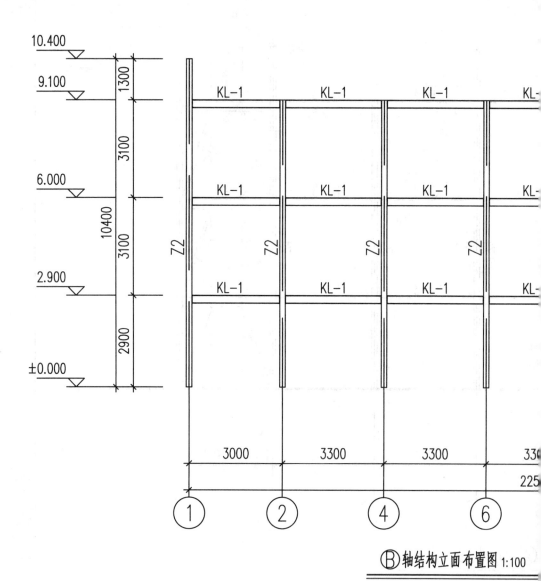

10.400

9.100

6.000

2.900

±0.000

1300

3100

10400

3100

2900

Z2

KL-1

KL-1

KL-1

KL-1

KL-1

KL-1

KL-1

KL-1

KL-1

KL-1

KL-1

KL-

Z2

Z2

Z2

3000

3300

3300

330

225

① ② ④ ⑥

Ⓑ 轴结构立面布置图 1:100

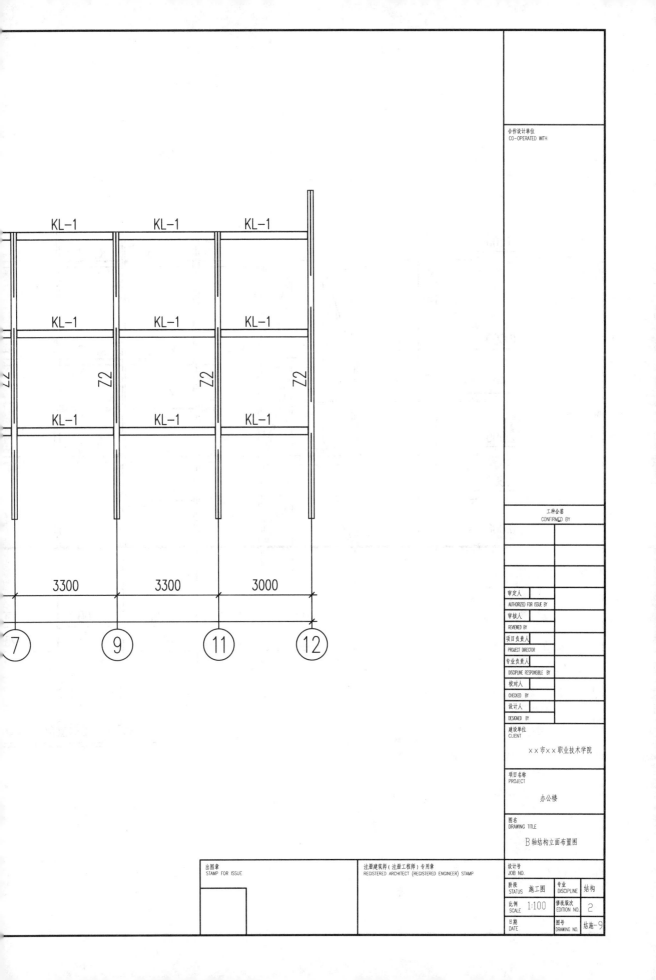

KL-1　　KL-1　　KL-1

KL-1　　KL-1　　KL-1

Z2　　Z2　　Z2　　Z2

KL-1　　KL-1　　KL-1

3300　　3300　　3000

⑦　　⑨　　⑪　　⑫

合作设计单位
CO-OPERATED WITH

工种会签
CONFIRMED BY

审定人
AUTHORIZED FOR ISSUE BY

审核人
REVIEWED BY

项目负责人
PROJECT DIRECTOR

专业负责人
DISCIPLINE RESPONSIBLE BY

校对人
CHECKED BY

设计人
DESIGNED BY

建设单位
CLIENT

××市××职业技术学院

项目名称
PROJECT

办公楼

图名
DRAWING TITLE

B轴结构立面布置图

出图章
STAMP FOR ISSUE

注册建筑师（注册工程师）专用章
REGISTERED ARCHITECT (REGISTERED ENGINEER) STAMP

设计号
JOB NO.

阶段 STATUS	施工图	专业 DISCIPLINE	结构
比例 SCALE	1:100	修改版次 EDITION NO.	2
日期 DATE		图号 DRAWING NO.	结施-9

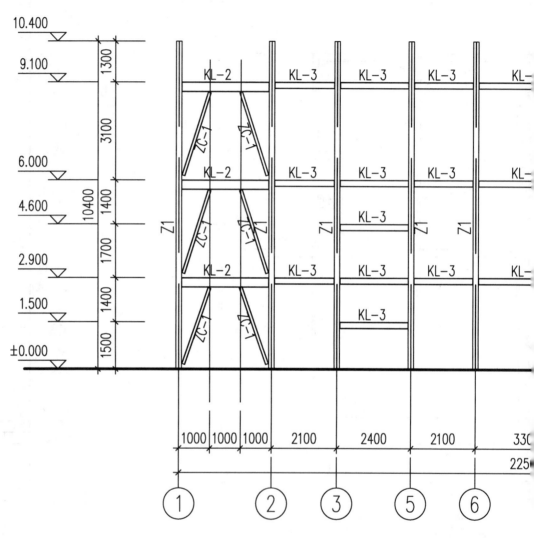

①轴结构立面布置图1:100

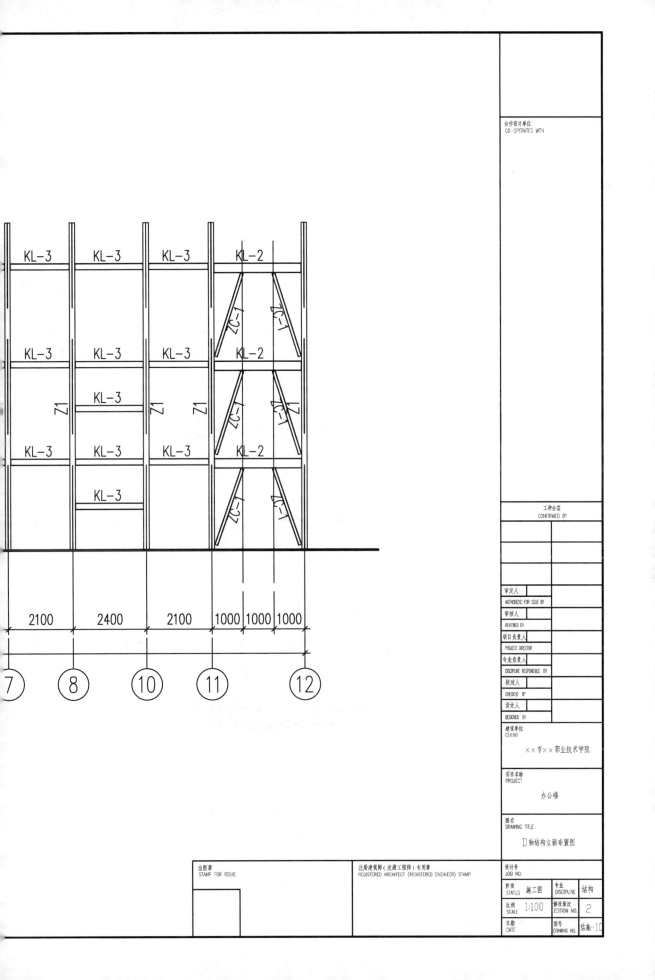

合作设计单位
CO-OPERATED WITH

工种会签
CONFIRMED BY

审定人
AUTHORIZED FOR ISSUE BY
审核人
REVIEWED BY
项目负责人
PROJECT DIRECTOR
专业负责人
DISCIPLINE RESPONSIBLE BY
校对人
CHECKED BY
设计人
DESIGNED BY

建设单位
CLIENT

××市××职业技术学院

项目名称
PROJECT

办公楼

图名
DRAWING TITLE

D轴结构立面布置图

出图章
STAMP FOR ISSUE

注册建筑师（注册工程师）专用章
REGISTERED ARCHITECT (REGISTERED ENGINEER) STAMP

设计号
JOB NO.

阶段
STATUS 施工图
专业
DISCIPLINE 结构

比例
SCALE 1:100
修改版次
EDITION NO. 2

日期
DATE
图号
DRAWING NO. 结施-10

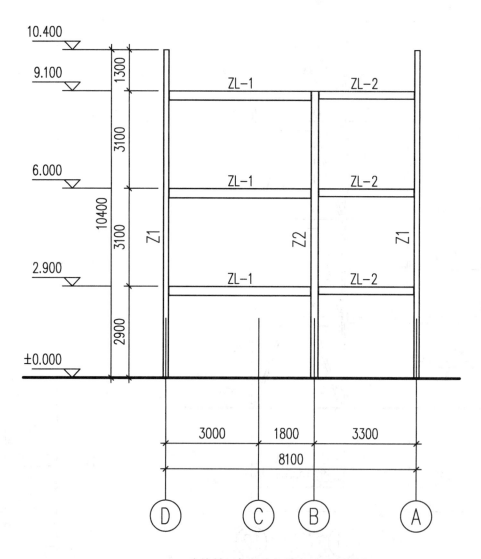

非楼梯间位置结构横向立面布置图 1:100

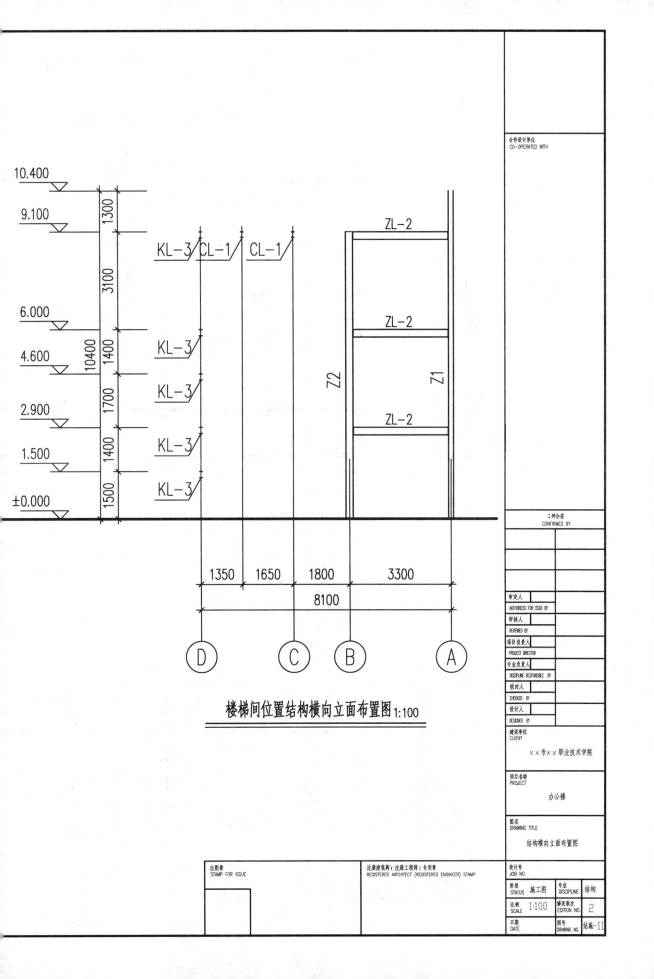

楼梯间位置结构横向立面布置图 1:100

合作设计单位
CO-OPERATED WITH

工种会签
CONFIRMED BY

审定人
AUTHORIZED FOR ISSUE BY

审核人
REVIEWED BY

项目负责人
PROJECT DIRECTOR

专业负责人
DISCIPLINE RESPONSIBLE BY

校对人
CHECKED BY

设计人
DESIGNED BY

建设单位
CLIENT

××市××职业技术学院

项目名称
PROJECT

办公楼

图名
DRAWING TITLE

结构横向立面布置图

出图章
STAMP FOR ISSUE

注册建筑师（注册工程师）专用章
REGISTERED ARCHITECT (REGISTERED ENGINEER) STAMP

设计号
JOB NO.

阶段   施工图   专业   结构
STATUS   DISCIPLINE

比例   1:100   修改版次   2
SCALE   EDITION NO.

日期   图号   结施-11
DATE   DRAWING NO.

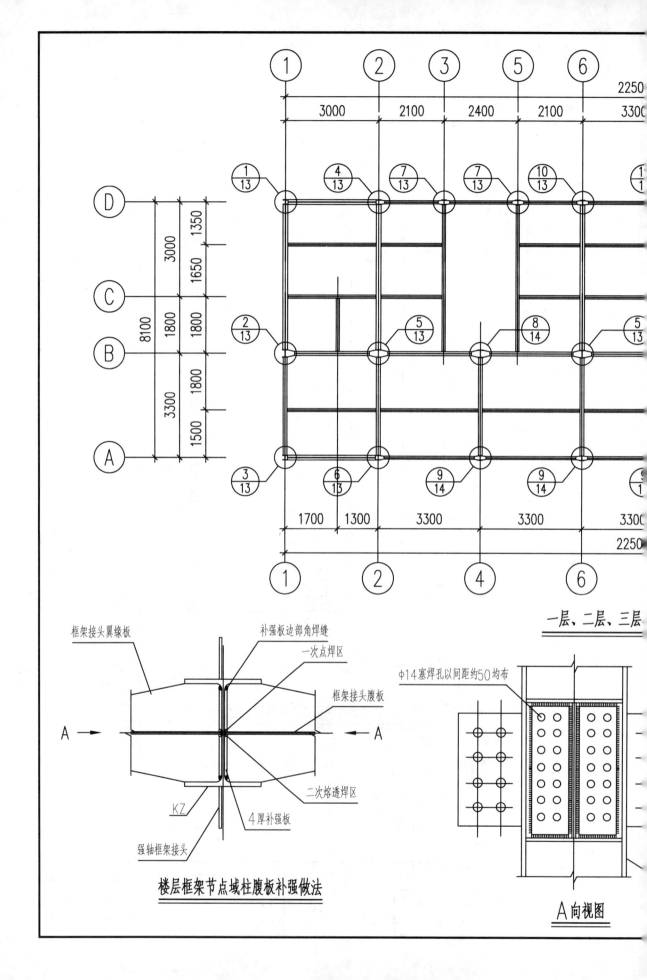

一层、二层、三层

楼层框架节点域柱腹板补强做法

A向视图

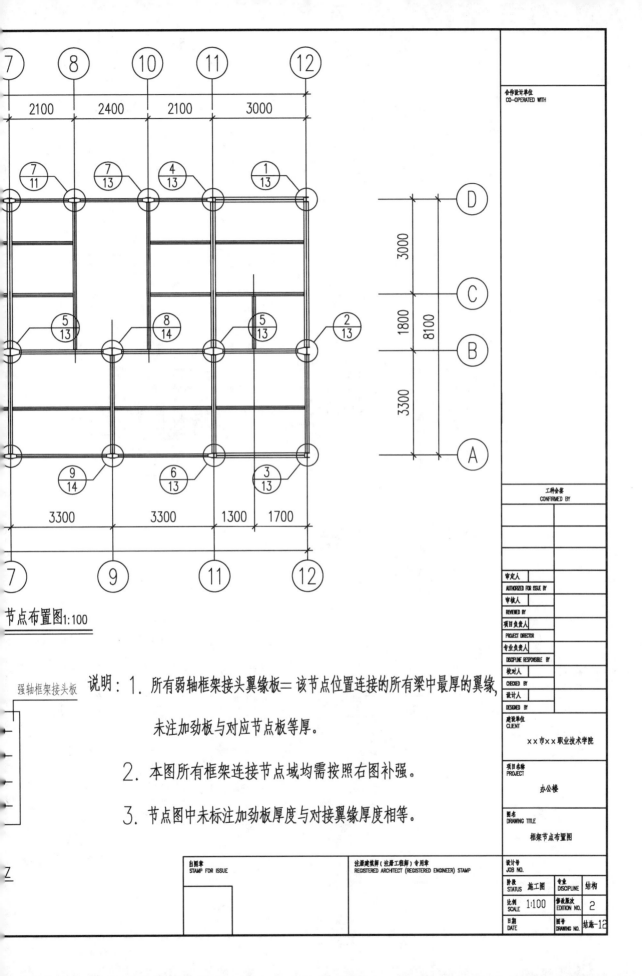

节点布置图 1:100

强轴框架接头板

说明：1. 所有弱轴框架接头翼缘板＝ 该节点位置连接的所有梁中最厚的翼缘，

未注加劲板与对应节点板等厚。

2. 本图所有框架连接节点域均需按照右图补强。

3. 节点图中未标注加劲板厚度与对接翼缘厚度相等。

合作设计单位
CO-OPERATED WITH

工程会签
CONFIRMED BY

审定人
AUTHORIZED FOR ISSUE BY
审核人
REVIEWED BY
项目负责人
PROJECT DIRECTOR
专业负责人
DISCIPLINE RESPONSIBLE BY
校对人
CHECKED BY
设计人
DESIGNED BY
建设单位
CLIENT

××市××职业技术学院

项目名称
PROJECT

办公楼

图名
DRAWING TITLE

框架节点布置图

出图章
STAMP FOR ISSUE

注册建筑师（注册工程师）专用章
REGISTERED ARCHITECT (REGISTERED ENGINEER) STAMP

设计号
JOB NO.

阶段 STATUS	施工图	专业 DISCIPLINE	结构
比例 SCALE	1:100	修改版次 EDITION NO.	2
日期 DATE		图号 DRAWING NO.	结构-12

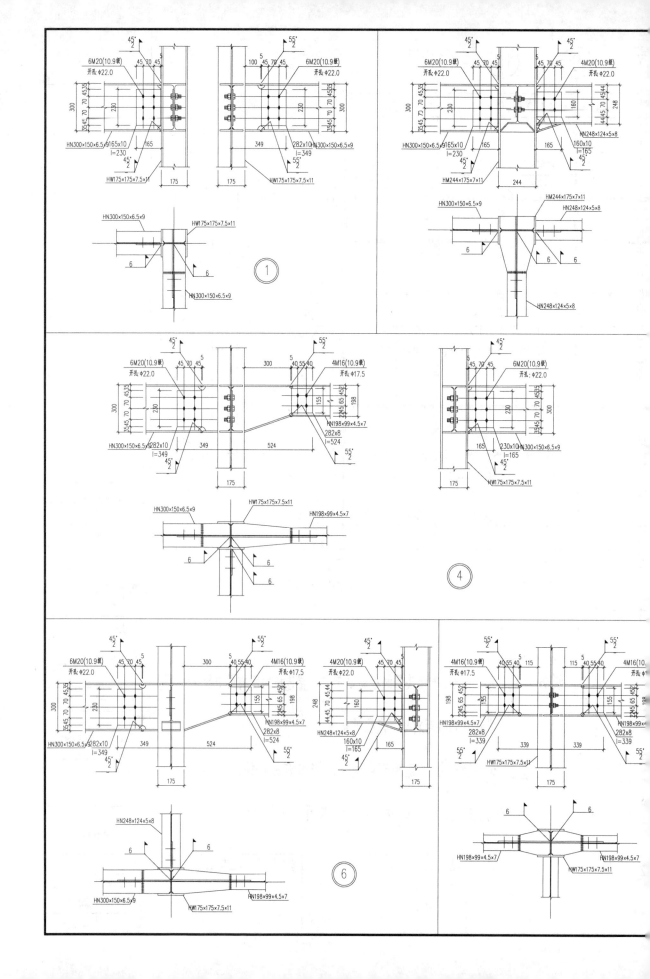

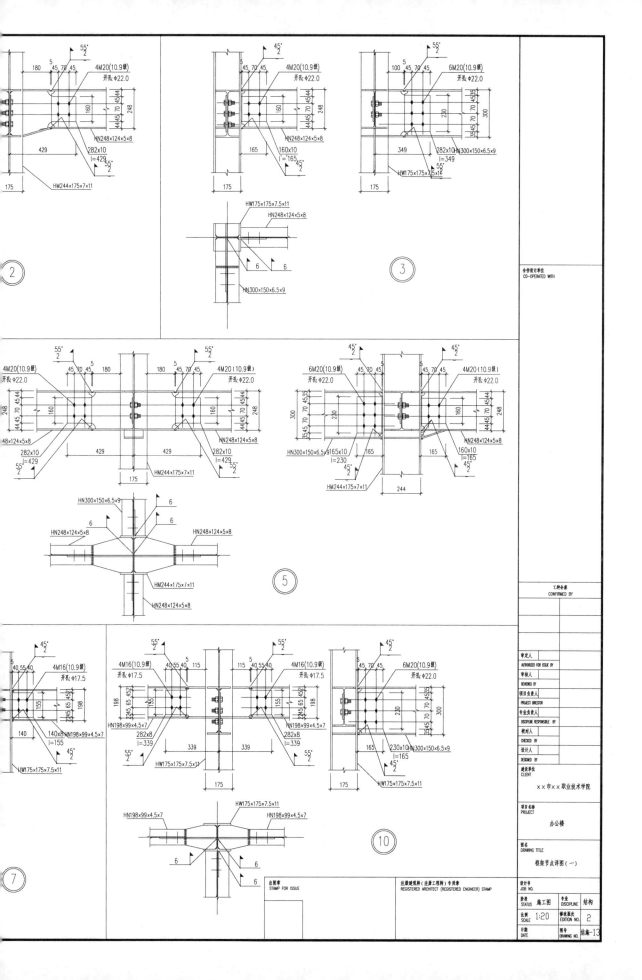

框架节点详图(一)

合作设计单位
CO-OPERATED WITH

工种会签
CONFIRMED BY

审定人
AUTHORIZED FOR ISSUE BY

审核人
REVIEWED BY

项目负责人
PROJECT DIRECTOR

专业负责人
DISCIPLINE RESPONSIBLE BY

校对人
CHECKED BY

设计人
DESIGNED BY

建设单位
CLIENT

××市××职业技术学院

项目名称
PROJECT

办公楼

图名
DRAWING TITLE

框架节点详图（一）

设计号
JOB NO.

阶段 施工图
STATUS

专业 结构
DISCIPLINE

比例 1:20
SCALE

修改版次 2
EDITION NO.

日期
DATE

图号
DRAWING NO. 结施-13

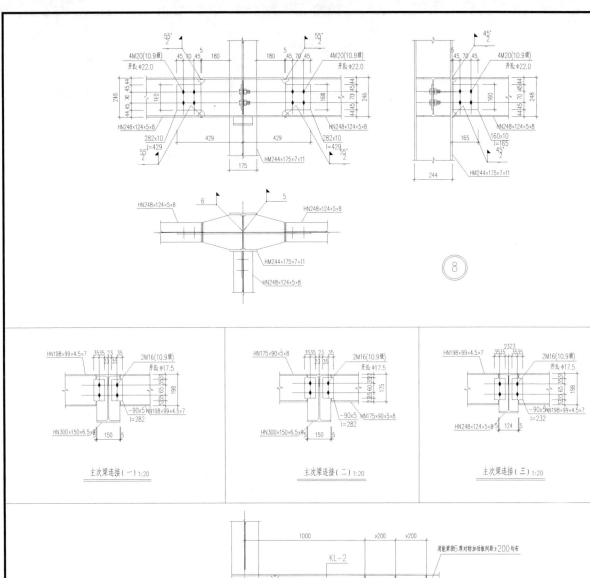

主次梁连接（一）1:20

主次梁连接（二）1:20

主次梁连接（三）1:20

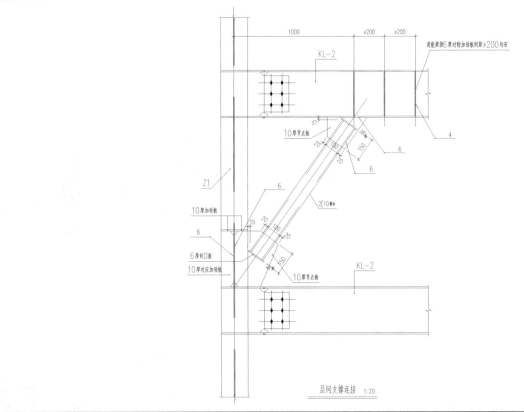

层间支撑连接 1:20

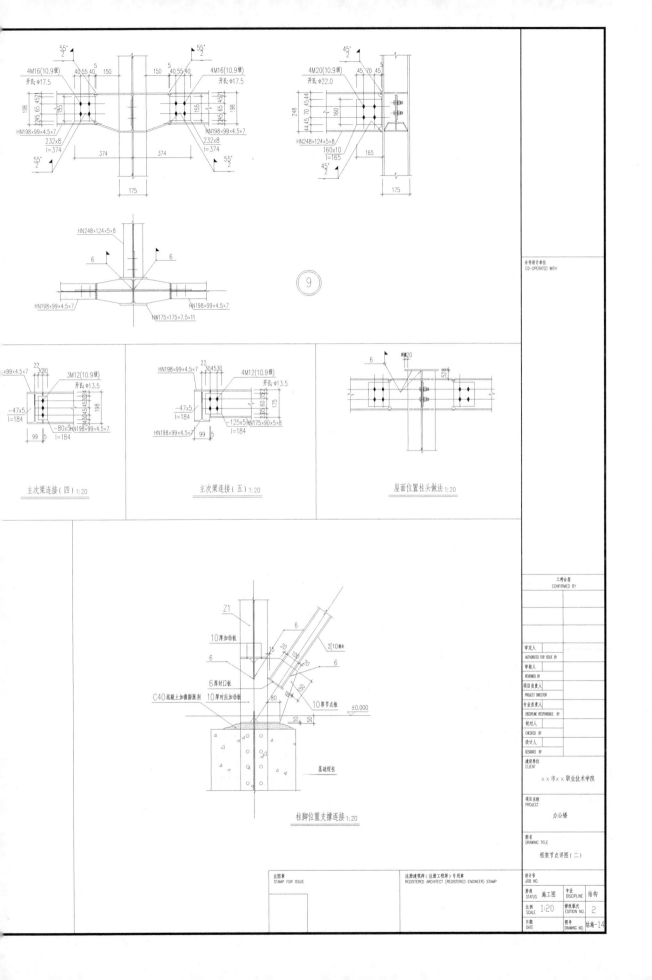

主次梁连接（四）1:20

主次梁连接（五）1:20

屋面位置柱头做法 1:20

柱脚位置支撑连接 1:20

合作设计单位
CO-OPERATED WITH

工程会签
CONFIRMED BY

审定人
AUTHORIZED FOR ISSUE BY
审核人
REVIEWED BY
项目负责人
PROJECT DIRECTOR
专业负责人
DISCIPLINE RESPONSIBLE BY
校对人
CHECKED BY
设计人
DESIGNED BY

建设单位
CLIENT
××市××职业技术学院

项目名称
PROJECT
办公楼

图名
DRAWING TITLE
框架节点详图（二）

出图章
STAMP FOR ISSUE

注册建筑师（注册工程师）专用章
REGISTERED ARCHITECT (REGISTERED ENGINEER) STAMP

设计号
JOB NO.

状态 STATUS	施工图	专业 DISCIPLINE	结构
比例 SCALE	1:20	修改版次 EDITION NO.	2
日期 DATE		图号 DRAWING NO.	结施-14

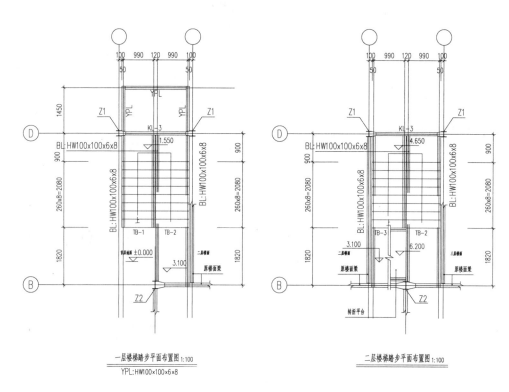

一层楼梯踏步平面布置图 1:100
YPL: HW100×100×6×8

二层楼梯踏步平面布置图 1:100

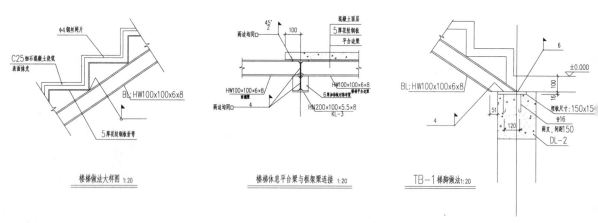

楼梯做法大样图 1:20

楼梯休息平台梁与框架梁连接 1:20

TB-1 梯脚做法 1:20

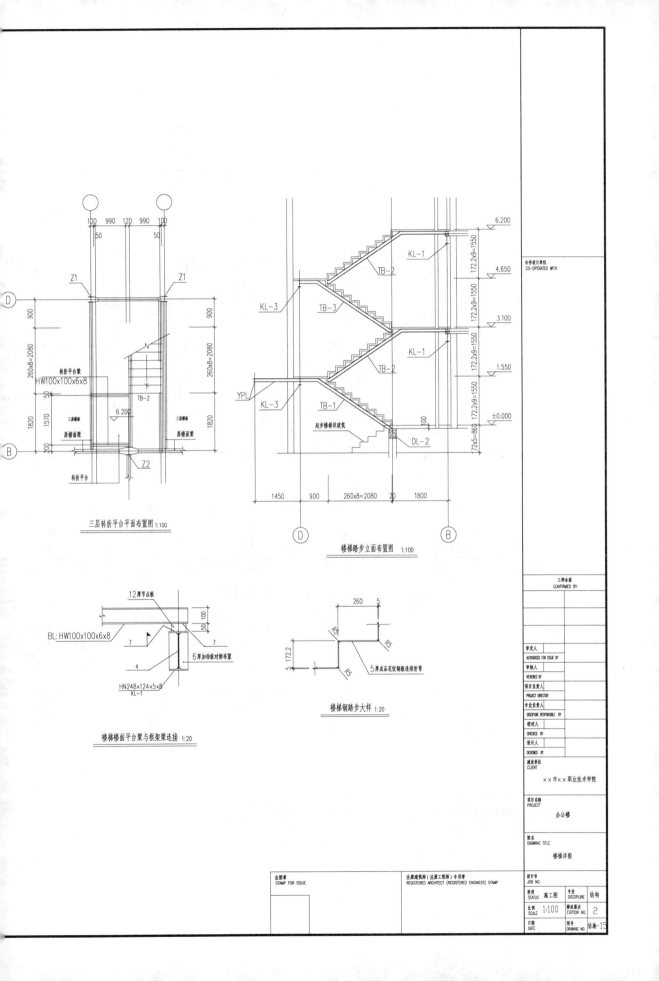

三层转折平台平面布置图 1:100

楼梯踏步立面布置图 1:100

楼梯楼面平台梁与框架梁连接 1:20

楼梯钢踏步大样 1:20

合作设计单位
CO-OPERATED WITH

工种会签
CONFIRMED BY

审定人
AUTHORIZED FOR ISSUE BY
审核人
REVIEWED BY
项目负责人
PROJECT DIRECTOR
专业负责人
DISCIPLINE RESPONSIBLE BY
校对人
CHECKED BY
设计人
DESIGNED BY

建设单位
CLIENT

××市××职业技术学院

项目名称
PROJECT

办公楼

图名
DRAWING TITLE

楼梯详图

出图章
STAMP FOR ISSUE

注册建筑师(注册工程师)专用章
REGISTERED ARCHITECT (REGISTERED ENGINEER) STAMP

设计号
JOB NO.

阶段 STATUS	施工图	专业 DISCIPLINE	结构
比例 SCALE	1:100	修改版次 EDITION NO.	2
日期 DATE		图号 DRAWING NO.	结施-15

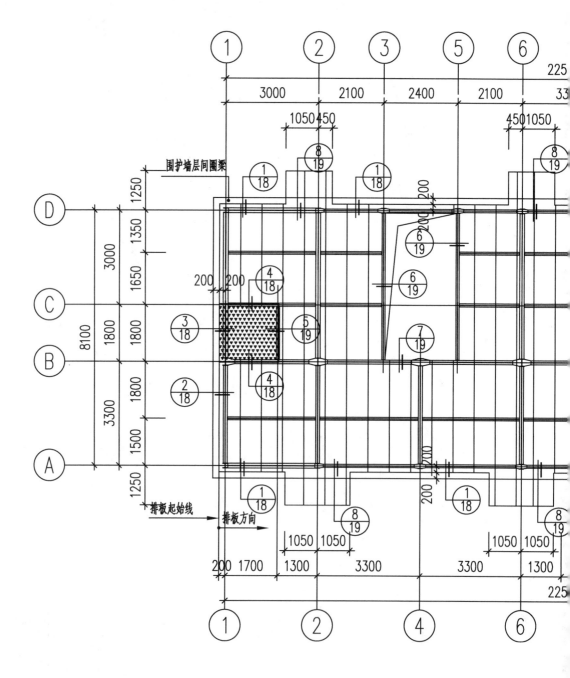

围护墙层间圈梁

排板起始线
排板方向

说明：
1. 卫生间楼承板采用5厚花纹钢板，钢板材质为Q235B。
2. 其余楼承板采用压型钢板，截面尺寸见下图：

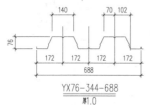

YX76-344-688
厚1.0

3. 压型钢板材质：Q235B，压型钢板与钢梁用栓钉连接（见节点详图）。
4. 栓钉材质：硅镇静钢，栓钉力学性能要求：抗拉强度设计值$f=400N/mm^2$，
   屈服强度$f_{ss}=240N/mm^2$。

   栓钉直径为16mm，栓顶顶面的混凝土保护层厚度不应小于15mm。
5. 栓钉施工开工前需做弯曲试验。
6. 图中未注明的贴脚焊缝高度为6mm。
7. 楼板开洞对应相关专业图纸进行，洞口内径大于200mm时需对洞口边进行加固处理。

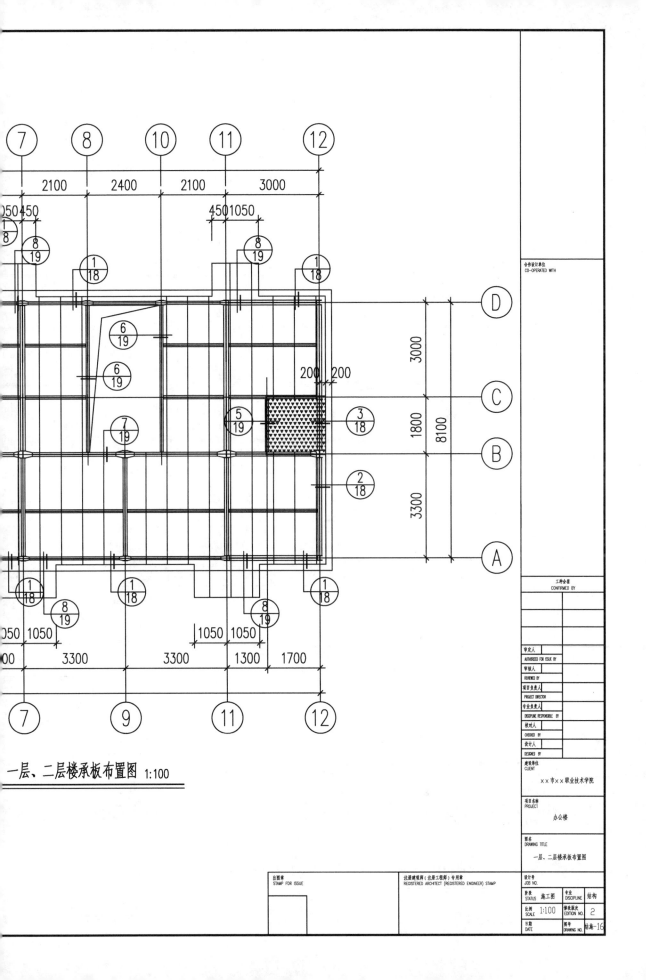

一层、二层楼承板布置图 1:100

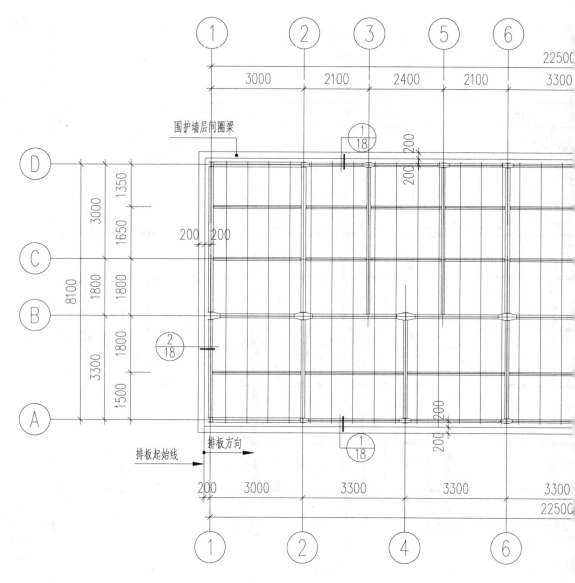

三层（屋面）楼承

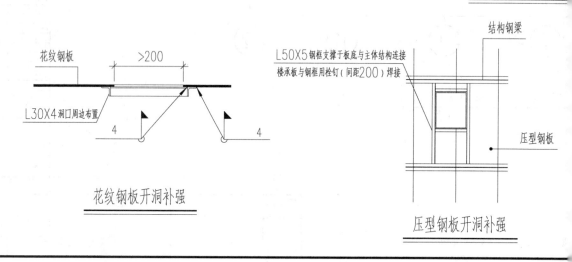

花纹钢板开洞补强

压型钢板开洞补强